清华大学国家“985工程”
二期本科人才培养建设项目教学丛书

中国传统建筑文化

楼庆西 著

中国旅游出版社

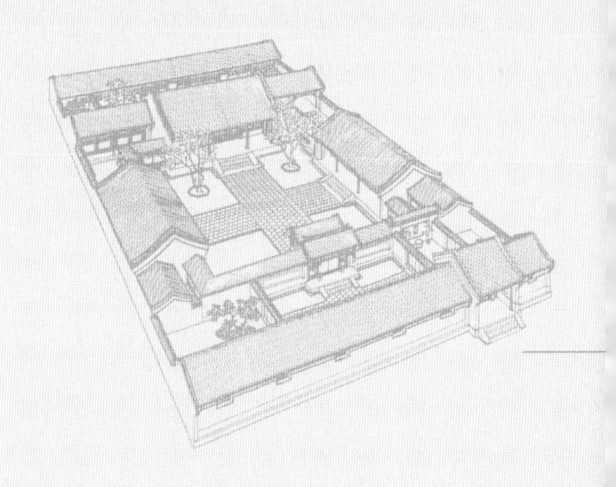

中国传统建筑文化 | 目录

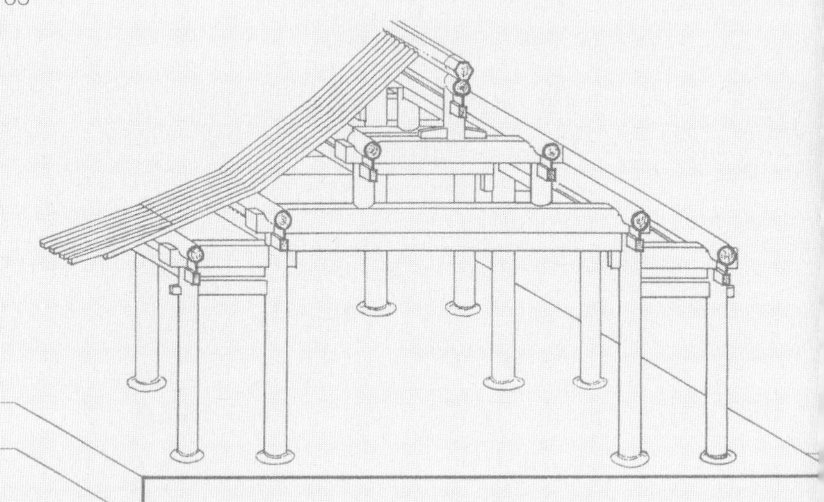

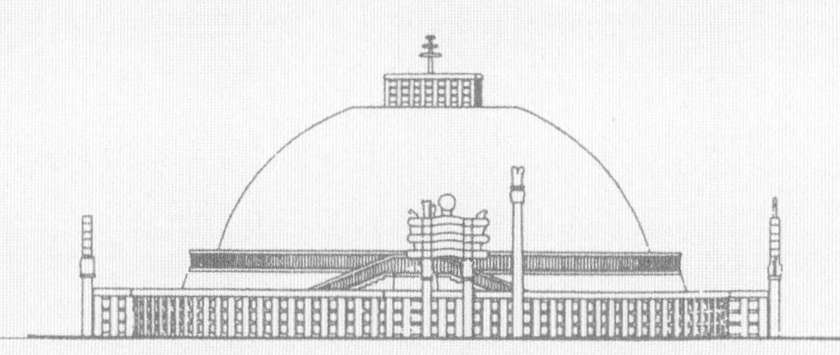

杭縣閘口龍山白塔

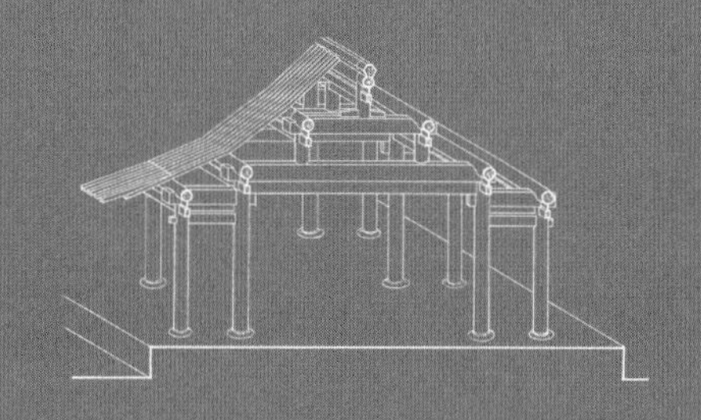

第一章 CHAPTER ONE 中国传统建筑的结构

北京紫禁城太和门广场

辽宁沈阳清福陵

埃及大斯芬克斯金字塔

在世界历史上，古老的中国、埃及、希腊和罗马都曾创造了光辉灿烂的古代文明，它们的祖先都给人类留下了众多的建筑古迹，如帝王的宫殿与陵墓、神庙与教堂、园林与府邸、纪念碑与凯旋门等。这些建筑都记载着古代各个地区和国家的政治历史、文化艺术与科学技术，成为一个地区、一个时代物质与精神的象征与标志。如果我们浏览一下这些建筑古迹就不难发现，它们的形象在东方的中国和西方的希腊、罗马等地存在着明显的差异。

无论是中国古时的封建帝王，还是埃及的法老，都相信人死之后的灵魂不灭，都追求到另一个阴间世界得到永生，所以他们都精心建造自己死后的陵墓。古埃及法老的陵墓是在地面上用大石块垒造的巨大金字塔。中国帝王的陵墓则是把人体埋入地下宫室而在地面上建造如同帝王宫殿一样的建筑群体。古希腊雅典卫城里著名的帕提侬神庙，其四周有石头柱子围成的柱廊，中心是石墙筑成的神殿，殿内供奉着守护神雅典娜的立像，连基座高达 12.8 米。在中国天津市蓟县有一座佛教寺庙独乐寺，寺中主殿观音阁是用木料建造的一座外观两层的楼阁，阁内供奉着高达 16 米的观音菩萨像。古罗马城里有不少广场，围绕着广场有市政厅、庙宇、商场，广场上还立着纪念柱、方尖碑，所有这些建筑和柱、碑都是用石材造的，人们在广场看到和接触到的是石头的柱子、石头的基座与台阶，以及各种石雕的人像与装

希腊雅典帕提侬神庙

意大利威尼斯广场

天津蓟县独乐寺观音阁

饰。中国古代北京城的正阳门内外也是一处古城中心地区，这里有建立在高大城墙上的城楼，有街两边的官府与商店以及立于街道上的牌楼，这些官府、商店、牌楼都是用木料建造的。

从这些城市广场四周的房屋、供奉神主的庙宇、埋葬帝王的陵墓的比较中，我们可以看到一个事实，这就是东方中国和西方文明古国在建筑形象上所以会有如此大的差异，除了地理环境、文化、习俗等方面的因素外，最主要的是因为应用材料与结构体系的不同。中国古代建造房屋是使用木结构，而西方各国用的是石结构。

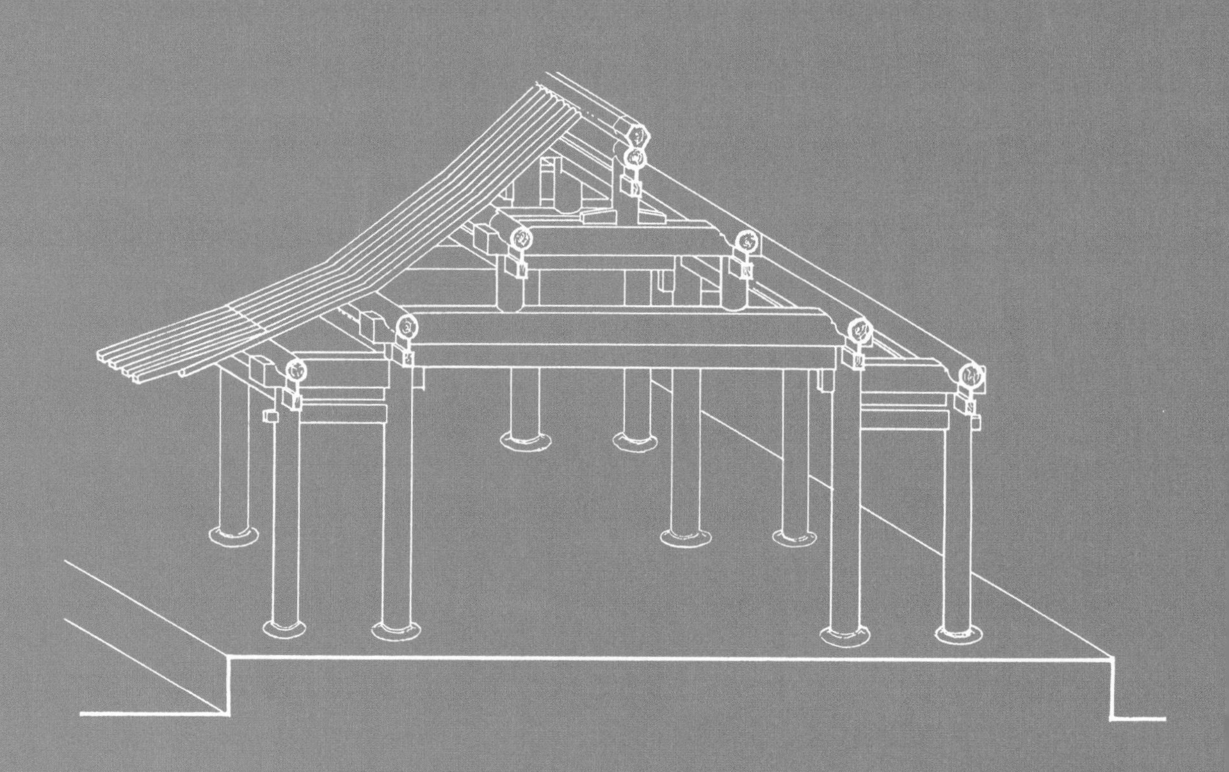

木结构的中国建筑

在北京房山区的周口店，考古学家发现了早期人类居住的山洞，在这些山洞中遗存着中国猿人的化石和他们使用的石锤等石器工具，它们距今已经有70万年至20万年的历史。在中国的山西省垣曲、广东省韶关和湖北省长阳等地也发现有旧石器时代古人居住的山洞。这些遗迹告诉我们，几十万年以前，古人还没有能力建造自己的住屋，只能寻找和选择合适的天然山洞作为居室，在这些山洞里躲避自然界风雨的袭击和野兽的侵扰。

随着人类生产技术的发展与进步，古人开始能够自己建造住房了。根据古代文献记载和遗址的发掘，并经考古学家的论证，可以看到早期古人的住房大体有两种形式：一种是利用天然树木的枝干在树上筑屋，很像鸟类在树上利用树枝搭的鸟巢一样，所以将它称为"巢居"。这种巢居适合在气候多雨潮湿的中国江南地区。另一种是从地面向下挖洞筑成能避风雨的住屋，因为它们像洞穴，因此称为"穴居"。穴居适合在气候少雨而干燥的中国北方黄土高原地区。

1954年，在陕西省西安市郊区的半坡村，发掘出一片原始氏族社会部落的遗址，它们建造于距今6000余年的新石器时代。在这片面积达5万平方米的遗址上，发现有排列密集的住房四五十座。这些住房有两种形式，一种是方形，是从地面向下挖掘50～80厘米深的

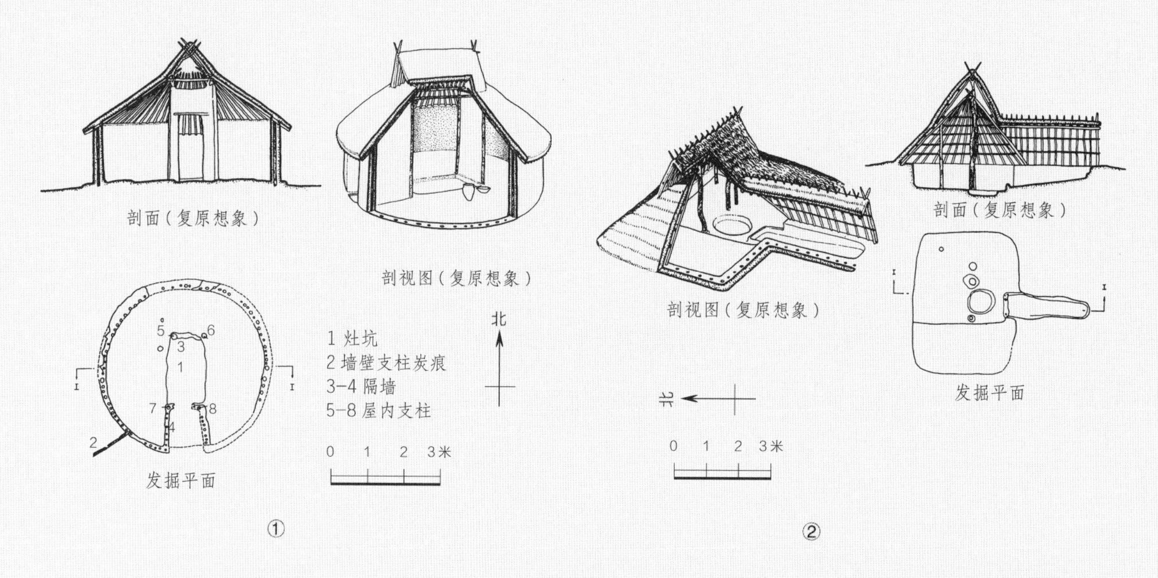

① 陕西西安半坡村圆形住房

② 陕西西安半坡村方形住房

方形浅穴，由地面斜坡通到穴内。在四壁有排列密集的细木柱。在浅穴中部立有四根较粗的木柱子，正是这四根木柱和四周的密集小柱共同支撑着也是用树干树枝所构成的住屋顶。另一种为圆形住屋，多建造于地面，不再往地面以下挖穴了。在圆屋的四周也是用密集的细木柱作壁，圆屋中央立有二至六根较大木柱，它们与四周小柱共同支托起上面的屋顶。不论是方屋还是圆屋，为了便于排泄雨水和积雪，它们的屋顶都做成斜坡的形式。从半坡村遗址的住房和其他建筑上可以看到，早期古人住的穴居已经逐步从深穴到浅穴，最后升至地面，变为完全建于地面之上的房屋了。

在山东省和辽宁省的近海地区也发现有用石料搭建的石棚建筑。其中辽宁省海城市的一处石棚完全用巨型石板做墙体与屋顶，建于距今 4000 年前的新石器时代的末期。但是这类石建筑在古代的中国却没有得到发展，也许是因为木材比起石料，既便于采集，也便于加工和制作，所以中国古人选择了木料作为建造自己房屋的材料，并且在长期的实践中不断完备，从而形成一套特有的木结构体系。

我们考察西安半坡和其他地区发掘的早期聚落遗址，看到这些遗址多位于河流两岸的台地上。半坡村氏族聚落位置在汶河东岸的台地上，聚落中的住宅建在临河的高地上，这是早期古人为了自身的生

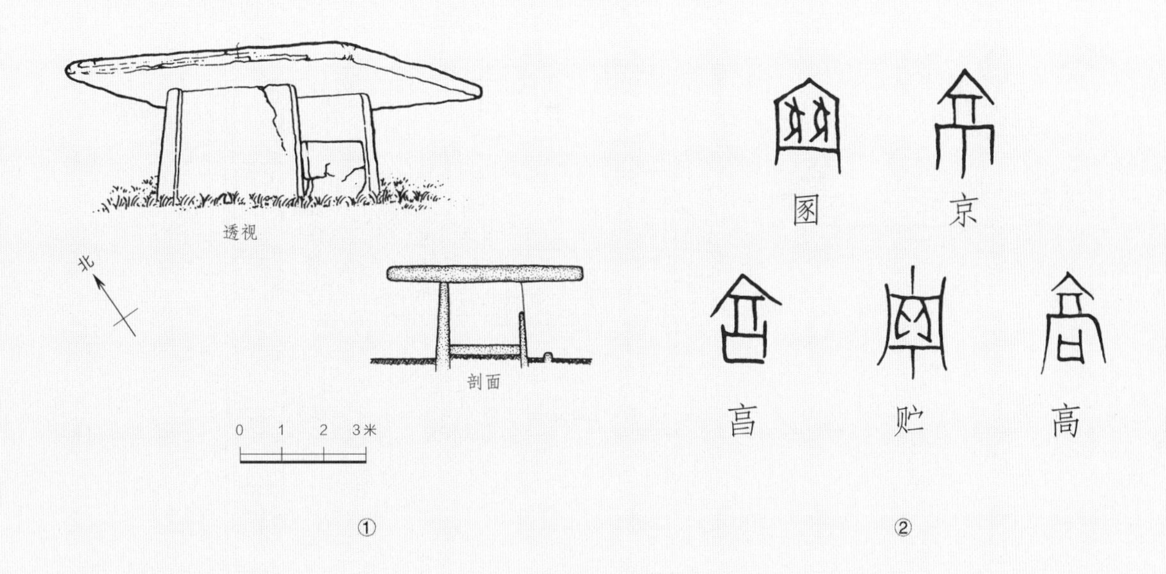

① 辽宁海城巨石建筑

② 古代甲骨文中有关建筑的文字

存而对自然环境的选择，因为他们的生活和生产都离不开水，而住房与其他建筑又怕潮湿，更怕被河水泛滥淹没，所以房屋最好的位置是在近水的高台地上。如果四周地形没有自然的台地，那么古人会在房屋下面用人工筑造一块高出地面的台地，把房屋建在台地上，这也能起到防潮防汛的作用。于是这种人工筑造的土台就成了房屋下面的基座，成为古代建筑不可分割的一部分，从而使中国古代建筑具有了由屋顶、屋身和台基三个部分组合成的完整形象。遗憾的是，早期建筑如今只留存下残留在地面的遗址而看不到它们的完整形象了。但是在早期的文字上却可以间接地看到它们的式样，因为这些文字都是依据实物形象而概括成为“象形文字”。从古文字的“京”“高”和“圂”可以看到，它们都是由坡形屋顶、直立的屋身和下面的台基三部分所组成，只是下面基座有的是实心的台座，有的是由木料搭建的空心基座。

在房屋的三部分中，当然屋身最主要，因为它是供人们生活使用的空间。西安半坡村的住房，无论是方形还是圆形，它们的屋身都由四周的墙和上面的屋顶围合而成。在这个空间里有数根柱子支撑着屋顶，这些柱子的排列还没有形成一定的规则，说明该时期房屋的屋顶结构还没有定型。甘肃省泰安县大地湾发掘出一处房屋遗址，属新石

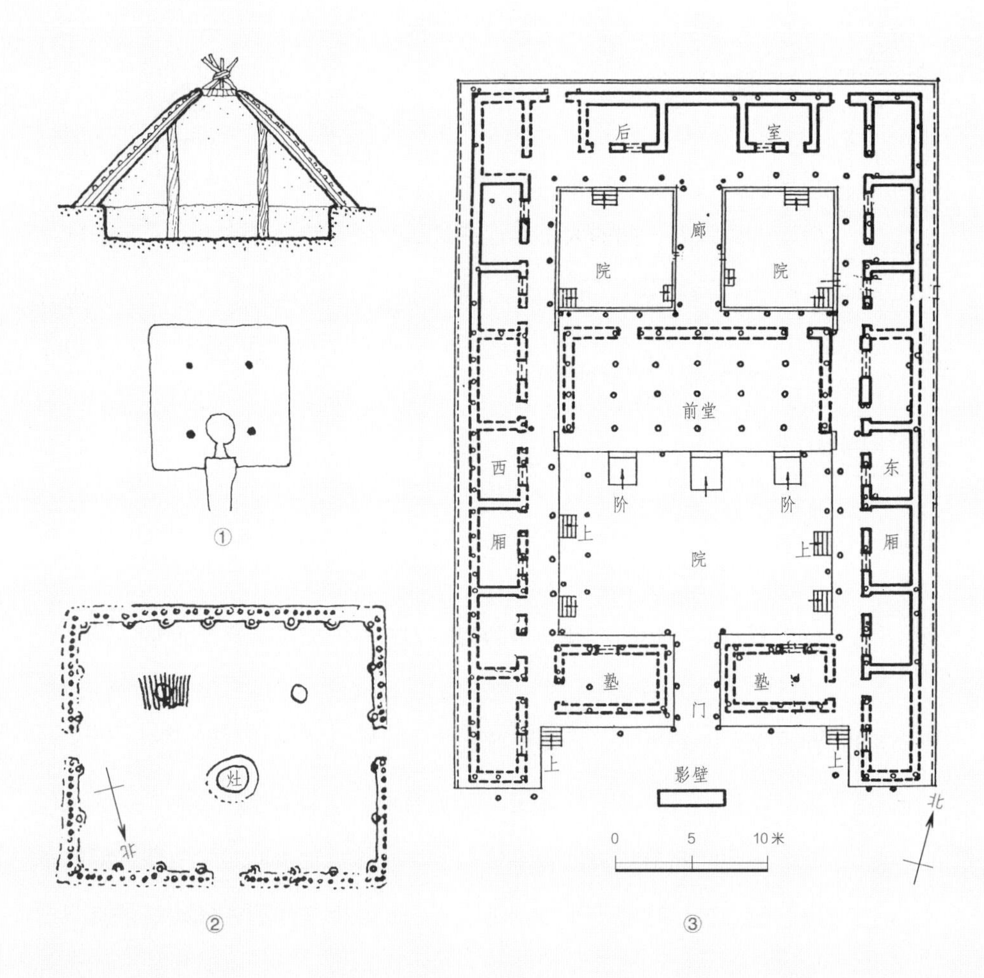

器时代晚期，距今已有4000年历史。这一座房屋呈长方形，四周墙体除有像半坡村遗址住屋一样密集的小木柱之外，紧贴墙体内壁还有一排排列有序的木柱，它们前后左右相互对应，加上房屋中央两根立柱，共同组成了整齐的柱网，共同支撑起上面的屋顶。它说明该时期房屋的立柱和屋顶已经组成了较为定型的构架，而房屋四周的墙体已经不需要支撑屋顶，只起围护作用了。陕西省宝鸡市岐山县凤雏村发现一处属于西周（公元前11世纪～前771年）时期的合院式建筑遗址。从这处遗址上可以看到，不论中轴线上的厅堂还是两侧的厢房，都有排列整齐的柱础，它与甘肃大地湾房屋遗址相比，不但规模大而且柱础排列得更有规则，前后左右对应得更加整齐，它证明中国古代建筑的木结构在这个时期已形成一种有规律的体系了。

①陕西西安半坡村房屋遗址（一间）

②甘肃秦安大地湾房屋遗址

③陕西岐山凤雏村建筑遗址平面图

在半坡村发掘出的一座大方形房屋的遗址中，房屋中间有四根木柱支撑着上面的屋顶，这四根木柱之间形成的面积我们称它为“间”，它可以说是房屋面积或空间的一个基本单元。在半坡村的半穴居住房中，多数只有一间的大小，但在凤雏村的合院式建筑中，房屋远远不只有一间的大小了。例如合院中心的前堂，它左右共有六间，前后有三间，按习惯称为宽六间、深三间。一幢房屋间数越多，它的面积越大，体形自然也越宏大。由这座早期的合院式建筑可以看出，中国建筑正是由“间”组成一幢幢房屋，而又由这些房屋组成一座座合院式的建筑群体。

大屋顶

一幢房屋除屋身部分，屋顶也是很重要的部分，它和房屋四围的墙体一样，从上面抵挡住风雨冰雪的袭击。由于屋顶除了最上面的铺瓦以外，其余全部都是由木料组成的构架，所以它的体量比较大，越是间数多、面积大的房屋，它们的屋顶体量就越大，所以大屋顶成了中国古代建筑在形象上的一个特征。在世界其他国家，用木料筑造的屋顶也不少，例如在法国、瑞士等欧洲国家有许多城乡的住宅都是用木框架构成屋顶，而且体量很大，有的屋顶高度甚至相当于屋身部分的两到三倍，但是它们的形象却与中国的大屋顶大不一样。其一是中国屋顶的四周挑出墙体的出檐部分特别深远，因为只有出檐大，方能挡住雨水侵袭墙体，中国建筑无论早期用泥土和以后用砖造墙，连同

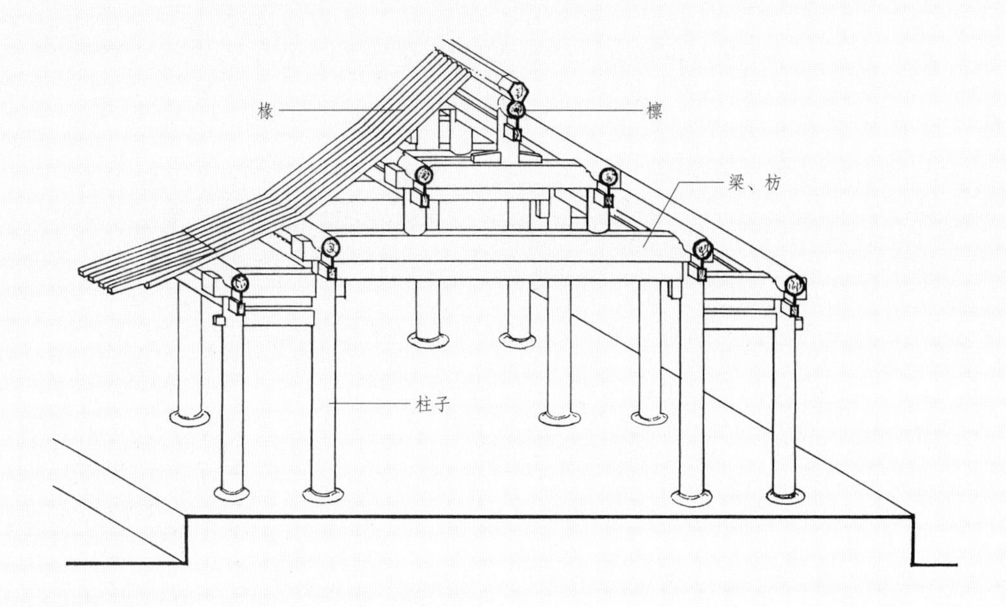

中国古代建筑木结构示意图

墙上安置的木门、木窗，它们都怕雨水的侵蚀；其二是中国屋顶都经过了造型上的加工。

这种加工首先表现在总体形象的塑造。只要稍加注意，就可以发现，从帝王宫殿、寺庙殿堂到园林的楼、阁、亭、榭，从城市里的戏楼、会馆到农村的祠堂、寺庙，它们的屋顶屋面是曲面形的，屋顶的四个角也向上起翘，使四周的屋檐都成为中间平、两头翘起的一条曲线。有的乡村农舍，连屋顶正中的正脊也做成两头起翘的曲线。这种造型的产生，原因是多方面的，其中有木材结构上的原因，例如屋顶的四个角由于距离墙身较远，需要大一些的木材支撑，从而造成屋檐四个角的向上升高。也有功能上的原因，如古代马车上的顶盖，为了不妨碍坐车人向前观望的视线，特别将车顶盖边沿部分向上翘起。将屋顶做成曲面，檐口向上翘起，也能使房屋多采纳光线并便于自屋内向外观望。当然这种造型的因素主要还是在于美观。由于屋顶是曲面的，檐口是曲线的，四个屋角向上起翘，昂首向天，直冲云霄，因而硕大的屋顶也显得轻巧而不笨拙，古人形容这些屋顶是如同神鸟展翅高飞。

左：四川合江农村寺庙建筑的屋顶

右：福建福州寺庙屋顶的翘角

这种加工还表现在对屋顶的局部装饰上。人们观看屋顶时只能见到它表层的瓦面而看不到屋顶内部的木构架。在看得见的屋面上除了满铺的瓦之外，还有两个屋面相交的屋脊、几条屋脊相交的节点。古代的工匠把这些瓦、屋脊、节点都进行了一些艺术加工。一行行瓦，从上延续到下，呈现在屋檐边的瓦头都装饰有花纹。在屋脊上，或用砖瓦拼出花纹，或在脊上塑造出多种动、植物，或把屋顶的节点塑造成龙、凤、宝塔等多种形象。这些原来都是屋顶结构的一个有机组成部分，如今经过艺术加工又都具有了装饰作用。这些装饰既有形象之美，又通过象征、比拟手段表现了一定的文化内涵，例如龙代表帝王和神圣，凤象征富贵，虎象征神威与力量，等等。

一座简单的屋顶，一座硕大而笨拙的屋顶，经过这样从整体到局部的造型和装饰处理，使它们变得既轻巧又热闹而富有情趣了，这真是中国工匠的一种独特创造。还不仅如此，在长期的实践中，工匠们还创造出几种不同形式的屋顶。其中最主要的有庑殿、歇山、悬山、硬山四种式样。庑殿是由五条屋脊组成四面坡的屋顶；歇山是由九条屋脊组成不完整四面坡的屋顶；悬山是两面坡，左右屋顶挑出屋

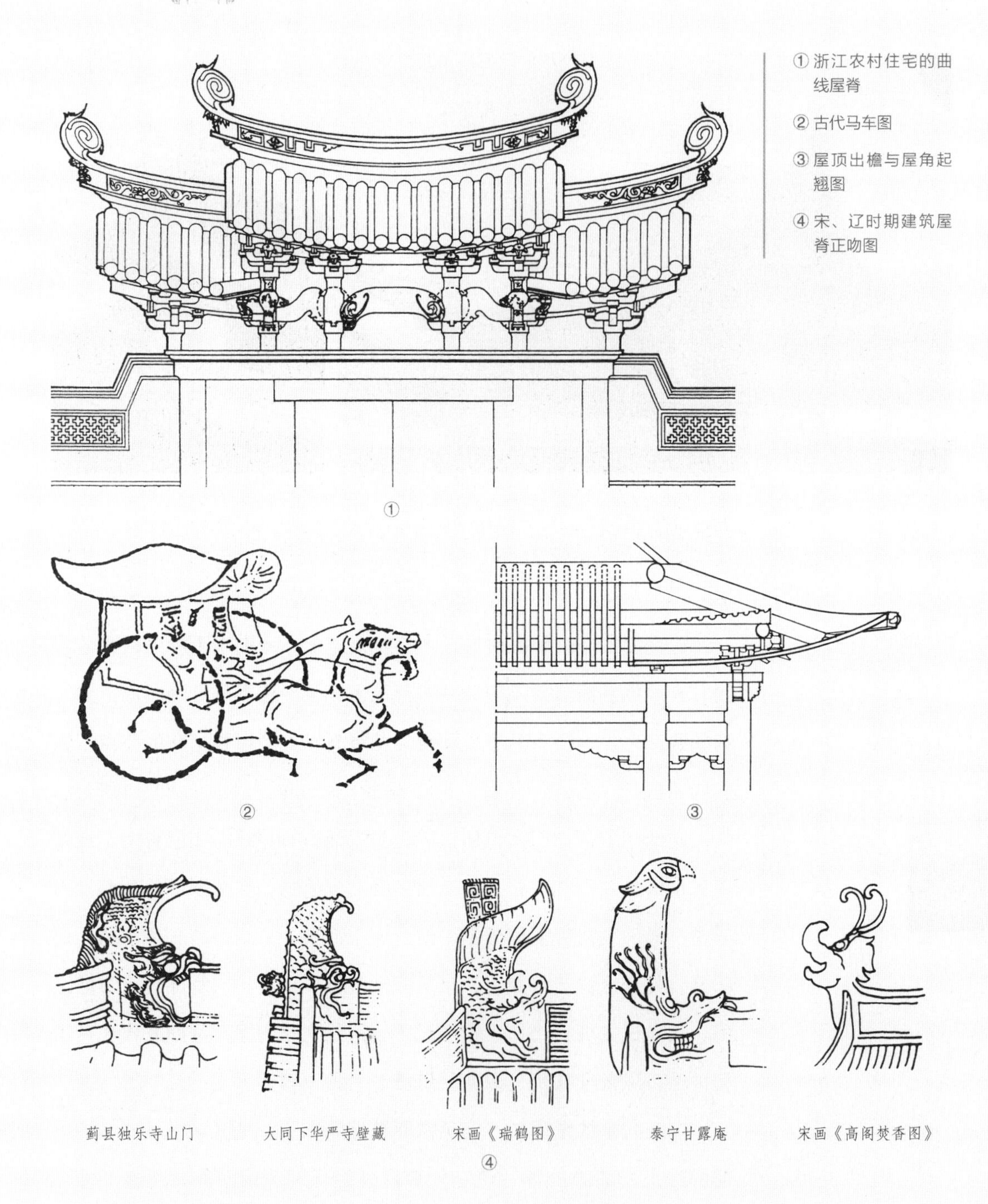

① 浙江农村住宅的曲线屋脊

② 古代马车图

③ 屋顶出檐与屋角起翘图

④ 宋、辽时期建筑屋脊正吻图

身墙体的屋顶；硬山是两面坡，是左右屋顶紧贴屋身墙体的屋顶。由这四种基本形式又派生出一些类似的形式，例如庑殿与歇山式屋顶有单层檐和双层檐的区别；歇山、悬山、硬山式屋顶分别有不用中央正脊（称为卷棚式）和有中央正脊。除这些屋顶之外，还有几条脊交会

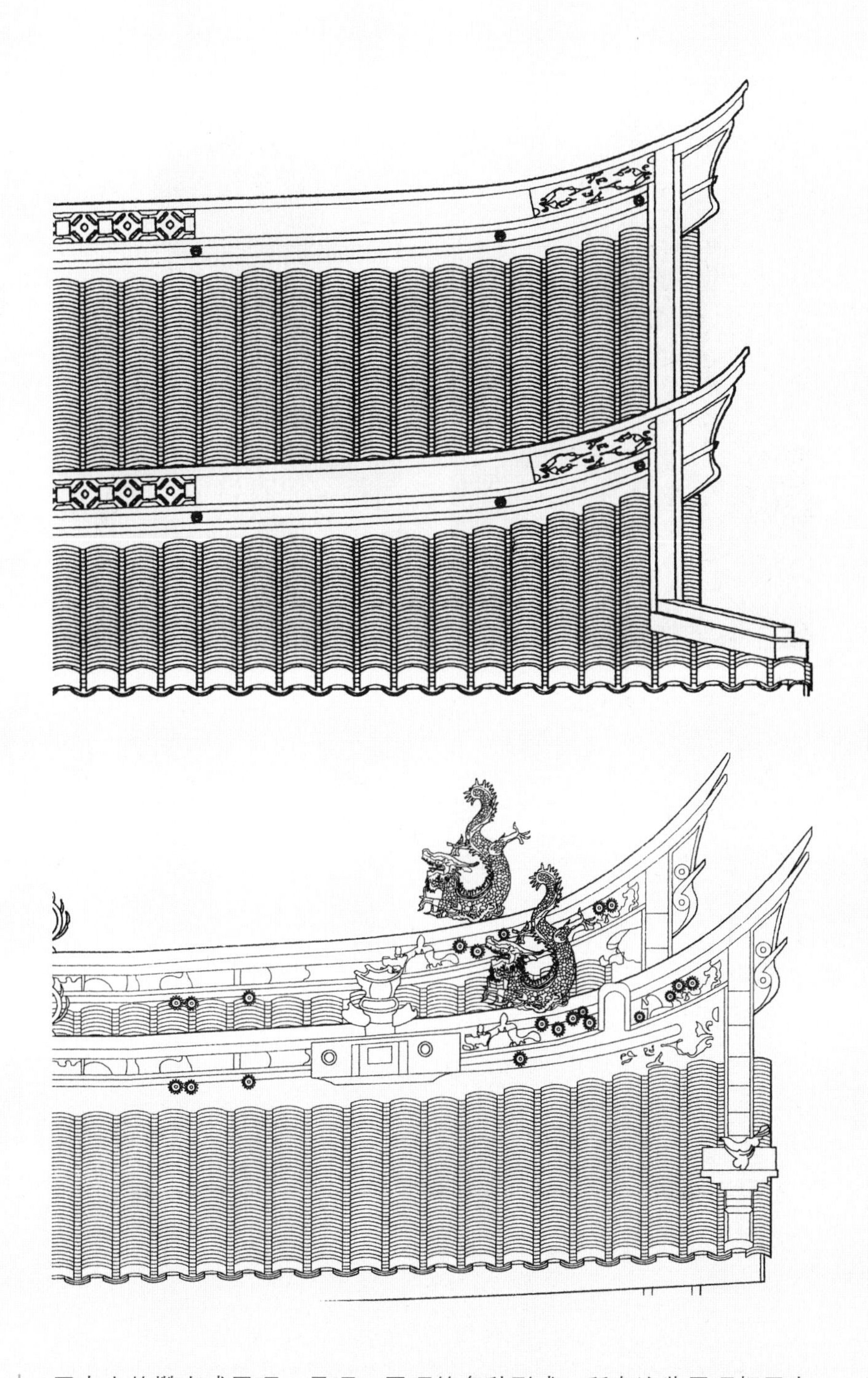

上：福建农村建筑屋脊装饰图（一）

下：福建农村建筑屋脊装饰图（二）

于中央的攒尖式屋顶、盝顶、平顶等多种形式。所有这些屋顶都用木结构做框架，只是结构式样的差异而造出这些不同形态，它们被用在大小不同、性质不一样的建筑上。在中国古代以礼教治国的环境里，随着建筑的形象被赋予了礼教等级的象征意义，屋顶也成为表现等级

左：屋顶宝顶（一）
右：屋顶宝顶（二）

古代屋顶形式图

的形象了。从屋顶的大小、形象的差异将屋顶分为由重要到次要的等级，这就是：重檐庑殿、重檐歇山、单檐庑殿、单檐歇山、悬山、硬山，由高到低，由大到小。在实际应用中也有将几种屋顶形式组合使用的，它们主要出现在体形庞大的殿堂、楼阁建筑中，例如河北承德

上：（左）宋画《滕王阁图》
（右）宋画《黄鹤楼图》
下：北京紫禁城角楼屋顶

普宁寺的大乘阁、湖北的黄鹤楼和江西的滕王阁。它们的屋顶都是由歇山、攒尖、硬山等多种形式组合而成，造型复杂而活泼，远比单一种屋顶形式丰富得多，艺术表现力也更为强烈。

就是这些大屋顶不但没有使建筑整体显得沉重而累赘，反而成为中国建筑独具神韵与魅力的一部分。

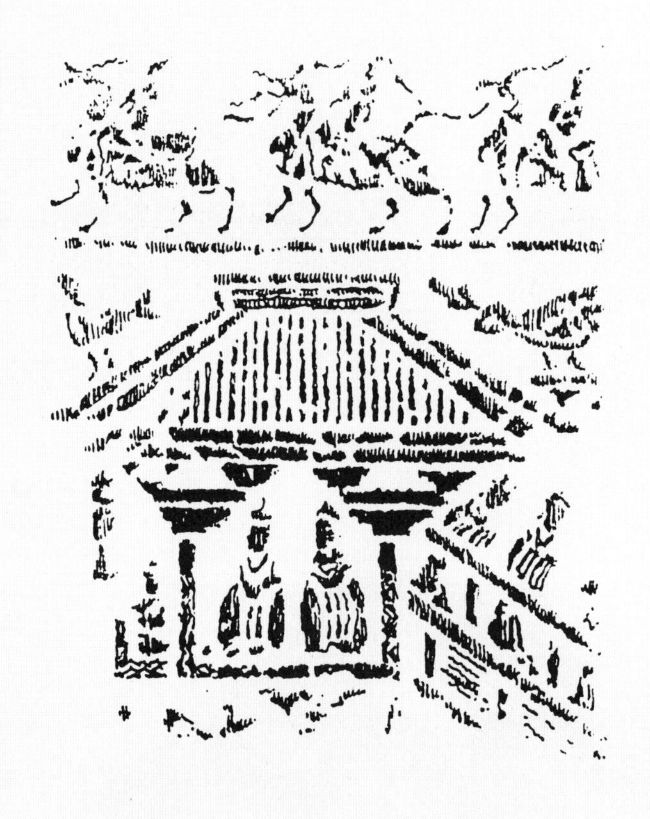

斗拱

在中国建筑的屋身与屋顶交接部分，也就是在屋身立柱之上的梁枋上面有一层用零碎小块木料拼合成的构件，它们均匀地分布在梁枋上，这种构件称为“斗拱”。它是中国古代建筑木结构中一种特有的构件，要认识中国建筑就不能不知道斗拱。

汉代画像石上房屋斗拱

斗拱在木结构中起什么作用？为什么称为斗拱？在柱子和梁枋上要挑出从屋顶伸出的屋檐，需要有一种支托住屋檐的构件，古代工匠用弓形的短木从柱头或者梁枋上向前挑出，一层不够远再加一层，

左：古代房屋木结构的斗拱

右：山西五台山唐代佛光寺大殿斗拱

这样的弓形木层层挑出使屋檐得以伸出屋身之外，这种弓形短木称为“拱”。在两层拱之间为了加强连接，用方形木块垫托，这种小方木形如古代的量器“斗”，所以这样的拱与斗相组合的构件称为“斗拱”。它们用在屋檐下可以承托屋顶的出檐，层层斗拱相叠可以加大出檐的深度；用在梁枋的两头下面，可以减小梁枋的跨度，加强梁枋的承受力。

斗拱出现很早，在汉代的墓前石阙上和汉代地下墓室的砖石雕刻中所表现的建筑上都可以看到早期斗拱的形式。山西五台山有一座唐代佛寺，其中的大殿建于公元 857 年，大殿的屋檐下排列着整齐的斗拱，它们从柱头挑出，使大殿的屋檐伸出墙体达 4 米之远，这组柱上的斗拱本身也高达 2 米，几乎有柱身高度的一半，充分显示出斗拱在屋顶上的重要作用。随着建筑材料和技术的进步，房屋墙身多用砖筑造代替了土墙，于是屋檐出挑不需要那么远了，斗拱也不需要那么大和复杂了，所以在明、清时代的建筑上，见到屋檐下的斗拱体量变小了，但个数增加了，它们比较密地排列在梁枋上，这时的斗拱在结构上的作用减小，却增加了它们的装饰性。

清代宫殿建筑的斗拱

斗拱既是由小块木料制作而且用量又多，所以它们的尺寸逐渐趋于标准化，由于拱和斗的尺寸都不大，因而它们的基本尺寸比较容易得到统一，这样的统一，一方面便于斗拱的大量制作，同时这种基本尺寸还逐渐成了房屋其他构件的基本单位。在宋代，把拱的高度作为基本单位，称为“材”；清代把柱头上斗木的开口宽度作为基本单位，称为“斗口”。于是房屋的柱子高低、粗细，梁枋的高低、厚薄，两根柱子间的距离等都以材和斗口为单位定出它们的大小，例如柱高为几材或者多少斗口等等。一座房屋只要定出所用斗拱的材或斗口的尺

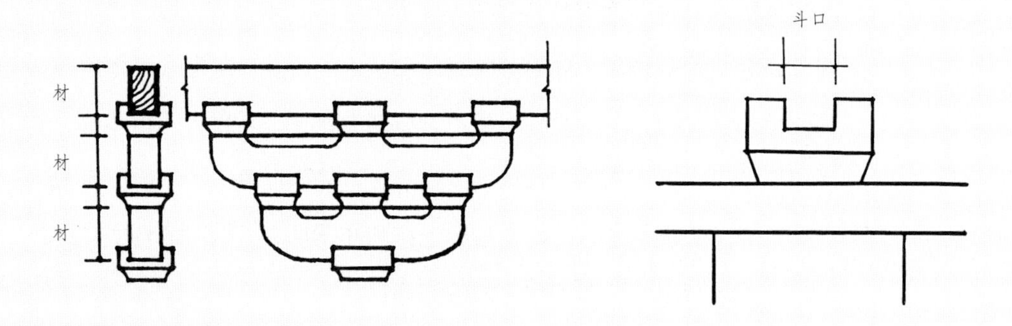

宋代斗拱的“材”和清代斗拱的“斗口”

左：房屋屋檐下的撑拱

右：房屋屋檐下的牛腿

寸，那么这幢房屋的宽度、深度，柱子、梁枋的大小就可以清楚地计算出来。

斗拱真是一种很奇特的构件，它用一块块弓形和斗形的小木材拼组起来可以挑托住那么沉重、那么深远的屋檐。它的基本尺寸还成为一种模数，使中国古代建筑在设计、建造上得到很大的方便，这真是古代工匠了不起的创造。但是斗拱在制作和施工上毕竟还是很麻烦，所以在一些地方上的一般建筑，尤其在农村的建筑上不采用斗拱，而是用一根木材自立柱上斜出，支托着挑出的屋顶，既省料又省工。这种与斗拱起同样作用的斜撑，有的地方称为撑拱。这类撑拱经过装饰加工，形态日渐完善而发展成为“牛腿”。

木结构的优与劣

中国建筑的木结构有什么优点，又有哪些缺点?

首先，木结构如果与石结构相比，它们的材料分别是木料和石料，多采自大山与山上的树林，从它们的采集、运输、加工一直到建造，木料都比石料容易得多，既省时间又省工。古埃及法老的陵墓，著名的胡夫金字塔，高 146.6 米，底边长 230.35 米，全部用石料筑造，当时征用 10 万人参加施工，历经 30 年才建成。中国明代最大的一座陵墓永乐皇帝的长陵，只用了四年就完工了。北京城中建于明代的紫禁城，占地 72 万平方米，建筑面积达 16 万平方米，从 1407 年采集材料开始到 1420 年完工，历时 13 年。意大利佛罗伦萨有一座主教堂，在它的八角形歌坛上要建造一座穹顶，几乎与建造北京紫禁城同时，于 1420 年动工，至 1431 年完成穹顶工程，接着又花了 10 余年建成了穹顶上的采光亭。建造时间的长短并不反映两地工匠技艺上的差异，胡夫金字塔完全是用石块堆筑起来的，石块之大有的达到 6 米长，如果按每块石料重 2.5 吨计算，全部金字塔需要 250 多万块石料，重达 600 余万吨，在公元前 3000 年运输起重都不发达的情况下动用 10 万人工，花 30 年时间建成就不足为奇了。佛罗伦萨主教堂的八角形穹顶，对边宽达 42.2 米，从底面到采光亭尖，总高 107 米，这样大的穹顶均用石料建造，由里外两层穹顶壁构成，两层

柱间安隔扇的厅堂

之间有 1.2 ~ 1.5 米的空隙，其中还有两圈走廊和爬登采光亭的楼梯。沉重石料的运输、加工、起重、吊装自然要比木料困难和费时得多。

其次，木结构各个构件之间，例如柱子与梁之间，纵横梁枋之间，门窗与梁、柱之间都是用榫卯连接，在结构上称为软性连接，这种连接具有韧性，能够承受突然和猛烈力量的袭击，不至于发生材料与构件之间的断裂。因此木结构的突出优点是能够较好地防御地震。山西应县有一座佛塔，全部用木结构建造，高达 60 余米，自 1056 年建成至今已经有 900 余年的历史，在这几百年中经受过多次地震袭击，但木塔依然巍然屹立。云南丽江古城，于 1996 年申报“世界文化遗产”，正在申报期间，突然一次强烈地震，把丽江城不少使用钢筋混凝土的新建筑都震倒了，但古城区的老房子却只震塌了一些墙壁，而房屋的柱子、梁架依然挺立没有受到损坏，经过修复后，丽江古城于1997 年顺利地被联合国教科文组织批准列入“世界文化遗产”

房屋室内柱间用罩或隔扇

左：木结构房屋的砖墙

右：木结构房屋的竹墙

名录。这种“墙倒屋不塌”的现象充分显示出木结构的防震优点。

最后，这种木结构担负了房屋屋顶、梁架的全部重量，使屋身四周和房屋内的墙不承受重量而只起围护与分隔的作用。这样就使在墙上开启门窗、在室内分隔空间有了很大方便，也给予应用不同材料制造墙体以很大的自由度。

在中国北方气候寒冷地区，房屋外墙可以用土、用砖建造，墙壁较厚，利于保温；在南方气候温和地区，外墙用竹编抹泥，用空心砖建造；在云南西双版纳等气候潮湿而炎热地区，外墙用木板、竹编建造以利于通风和散热。一幢房屋的坚固与否决定于这幢房屋木结构本身而不在于墙体的厚薄和采用什么材料。

房屋的内外设置多少门窗、门窗所在位置都很自由，只要不破坏木结构的体系，也就是说，只要在柱子之间都可以设置门窗。住房因为要保持安静和私密性，外墙门窗自然要少一些；待客的厅堂前后可以安置全部开启的落地门窗，使厅堂明亮而通畅；园林里的亭、榭可以两面或四面临空、临水柱子之间不安门窗。房屋内部也可以根据使用要求，分别在柱子之间安设隔扇、罩、栏杆等分隔出不同的空间。所以一座相同和相近的木结构，由于外墙门窗、内部空间分隔的不同

柱间不安门窗的亭与廊

房屋柱子之间用砖墙、开门

北京紫禁城救火水缸

而可以产生出多种形态的建筑。

木结构当然也有缺点，最主要是怕火。1420 年，明朝廷刚刚建成了宏伟的紫禁城，其中的太和殿是皇帝举行登基、结婚等重大活动的最大殿堂，就在建成后的第二年就被大火烧毁。多年后才修复，而 1557 年又第二次被烧毁。这种火灾主要来自于天上的雷击，当时虽然对雷击现象已有所认识，但是还没有找到防止雷击的科学方法。在紫禁城里为了灭火，只能在主要殿堂附近设置一些大水缸，缸里常年储存着水，即使在冬天也不让水结冰，但是真正遇到房屋起火，木结构一烧即着，火势蔓延极快，这些水缸里的水，真是杯水车薪，哪能灭得了火，它们只能当作摆设，起到一些象征性的作用。

清咸丰十年（1860 年），英法联军侵占北京，对北京西郊的皇家园林先进行大规模的抢劫，然后放火，使圆明园陷入一片火海，园中数十处景点的楼、阁、亭、殿堂都被烧毁，唯一烧不掉的就是园内西洋楼区的那些由石料建造的西洋楼房，直至百余年后的今天，这些西洋楼的石柱、石壁依然屹立园中。圆明园中的现象充分说明了木结构建筑最大的缺点就是怕火。

木结构房屋除怕火外，也怕潮湿和虫害。房屋要建造在台基上，木柱子的下面都要有一个石料的柱础，不让柱子直接接触地面，这些都是为了避免地面下的湿气侵蚀木料。房屋屋顶如果漏雨则是房屋的大患，因为雨水自屋顶漏至下面的梁架，日久天长，能使木料腐蚀。中国南方地区有一种常见的白蚂蚁，专喜好蛀食木料，它们可以把一根立柱或者梁枋蛀食成为空壳，严重的会造成梁断柱裂房屋倒塌。正因为木结构的建筑怕火、怕水、怕虫害，所以使得历史上的建筑不断遭到破坏，使具有数千年历史的中国古代建筑留存到今天的为数不多，迄今为止，我们发现唐代的木结构建筑也只有很少的几座。但是在埃及、希腊、罗马这些文明古国却留下了建造于公元前数千年的神庙、陵墓、斗兽场等大批古代优秀的建筑作品。在建筑的坚固和耐久性方面，石结构远远超过木结构。

根据文献记载，中国 2000 年之前的秦、汉两朝都建造了规模宏伟的宫殿建筑，秦朝都城咸阳，在 200 里的范围里，建有大小宫殿 270 余座，其间都有廊道连接，如今发掘出来的其中主要宫殿阿房宫的台基遗址就有 500 米之长。所有这些地面上的建筑用的都是木结构，木料的立柱、梁枋，总计起来所用木料数量之大，可想而知！当时这些木料大部分采集于四川的山上树林，所以唐朝诗人杜牧曾经感叹道：阿房宫建成了，四川的山林也变成秃山了。秦朝末年，咸阳宫殿被烧毁，汉朝皇帝又在附近重新建造起庞大的宫殿群。中国 2000 年的封建社会，一朝又一朝封建王朝的更替，一座又一座的宫殿建设，该用多少木材，该有多少座山林的树木被砍光！清朝重建被火烧毁的太和殿时，连大殿中心几根最主要的柱子都找不到整根木料来建造，只得用较细的木材加以拼合的办法组成大立柱，可见当时木材资源多么匮乏，这也意味着自然生态遭到破坏的程度。

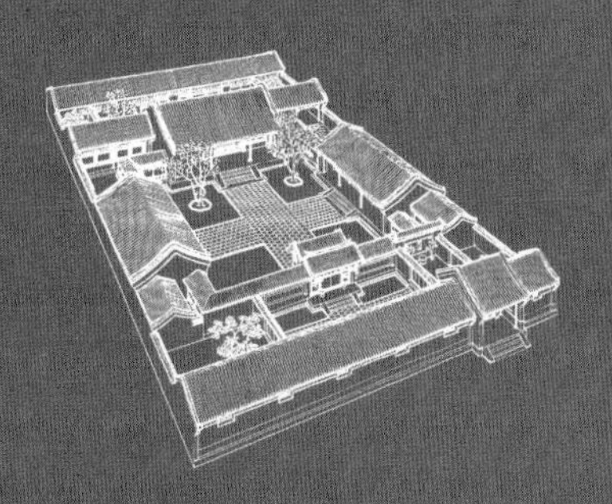

第二章 CHAPTER TWO 四合院和紫禁城

以四根立柱围成的“间”为单位的中国房屋，它们的平面多为简单的矩形，外形不复杂，体量也不大，从四合院的百姓住房到封建帝王的宫殿都是这样。如果和西方古代建筑相比，中国建筑的个体远没有西方建筑那样复杂和高大。北京明、清两代皇宫紫禁城内最主要的太和殿，平面为长方形，面宽达 11 间，但面积只有 2370 余平方米，高度 36 米；而意大利罗马城的圣彼得大教堂，面积有 10000 平方米，它的穹顶在室内就高达 123.4 米。中国这些简单的个体房屋是怎样来满足住宅、园林、寺庙和宫殿在使用上不同要求的呢？无数实例告诉我们，它们不是靠单幢的房屋，而是靠由这些单幢房屋所组成的不同群体来解决的。所以，如果说西方古代建筑艺术主要体现在个体建筑的宏伟和壮丽上，那么中国古建筑艺术主要表现在建筑群体所显示出来的博大与壮观。因此建筑的群体性是中国古代建筑除木结构之外的又一个重要特征。

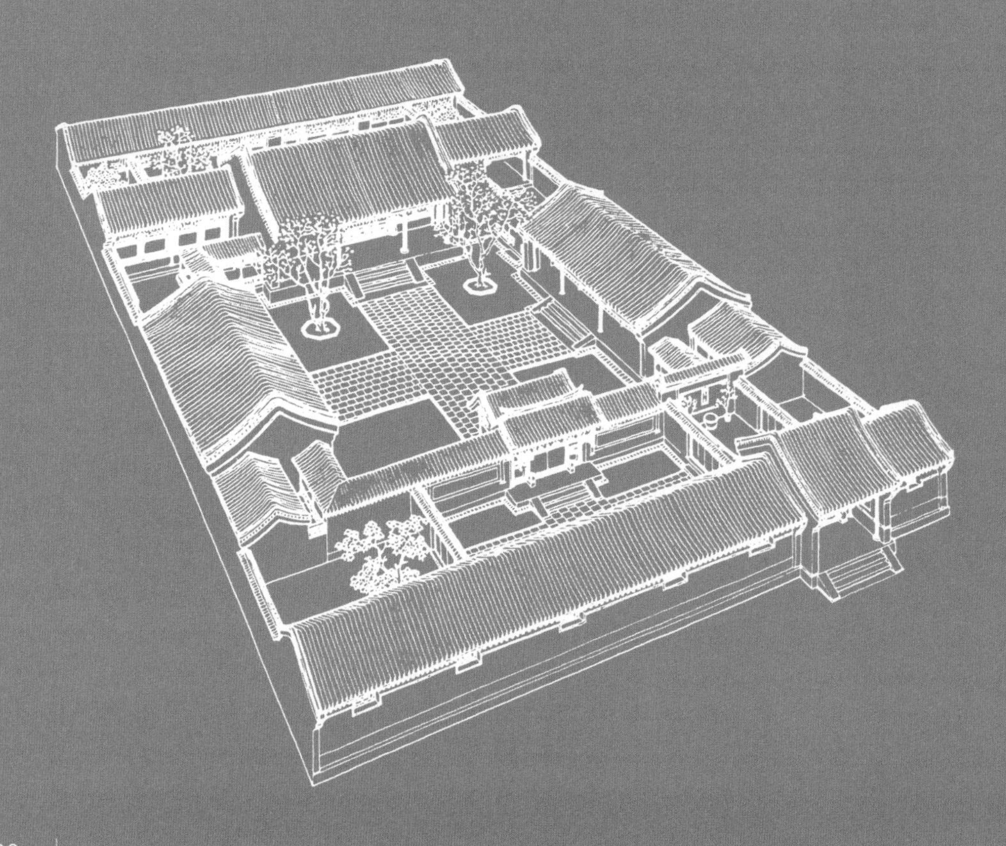

规则的四合院与城市

汉画像砖上的四合院住宅

中国古代建筑群体的组合采取的是什么形式？2000 年前，一座汉代墓中的砖上有一幅雕刻有住宅的图像。住宅由多座房屋与廊屋组成左右两个院落，左面有大门和两幢房屋，它们与两侧的廊屋组成前后两个院落，主人席地而坐，庭院中有两对鸡与鸟在嬉斗。右面应为侧院，前有厨房和水井，后有用作瞭望的楼台，还有狗和扫地的仆人，整座住宅四周用廊屋围合成封闭的院落，从图上的景象看应该是一所官吏或富家的住宅。前面提到的那处陕西宝鸡岐山凤雏村的遗址，也是一座很规则的合院式建筑群体。这种由四面房屋围合而成的建筑群称为四合院。从历史上留存下来的住宅、寺庙、陵墓、宫殿等大量建

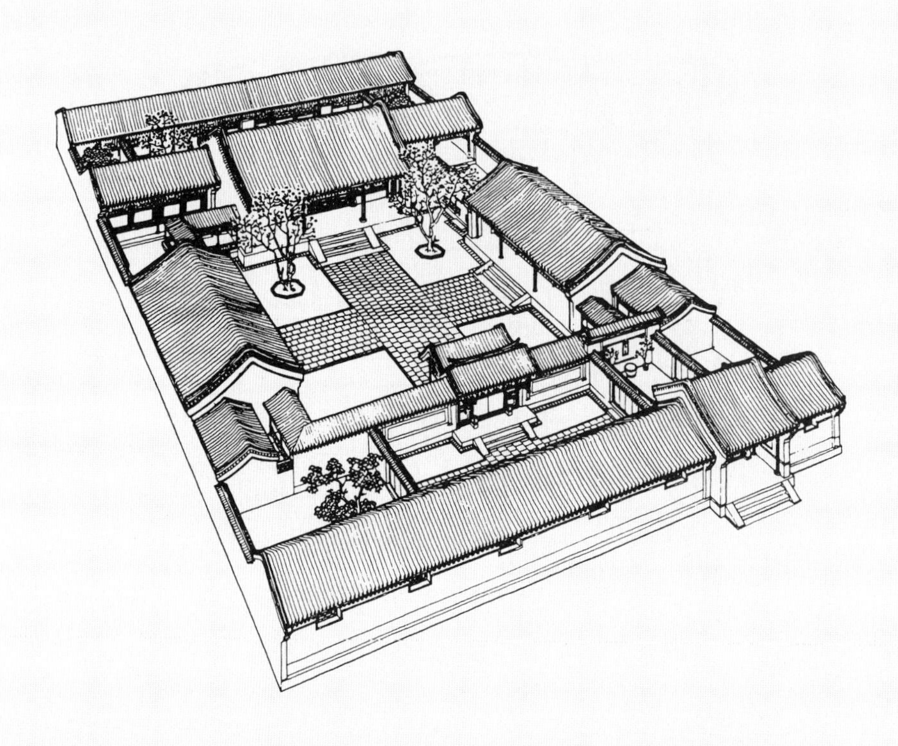

北京四合院住宅

筑上可以看到，这种四合院成了中国古代建筑群体最基本的形式。

产生这种现象的原因，一方面是这种四合院在使用功能上有它的优点，它能够形成一个较为安静的、带有私密性的空间，正适宜于这些建筑的要求；另一方面是与中国古代的政治思想有关系。在长达2000年的封建社会里，历代统治者都是用“礼”制作为治国的根本。礼是什么？礼是决定人伦关系、明辨是非的标准，是制定道德仁义的规范。一部古代的《礼记》，记述了大至政治、军事，小到陈设、衣冠等多方面的规范，从制定这些规范的原则到具体规则都告诉人们在社会关系中，臣民要服从帝王君主，下级要服从上级；在家庭里，儿孙要服从父辈，妻子要服从丈夫，弟要服从兄。天、地、帝王、父辈、老师是社会上每一个人都必须尊敬、服从和祭拜的。所以这些礼制规范的核心思想和主要内容就是一整套等级思想和等级制度，它不仅制约着社会的伦理道德，而且制约着人们的生活行为。

在这部《礼记》和其他礼制的文献中当然也记录着有关建筑的形制与规范。例如一座城市，就有帝王的王城、帝王分封各地诸侯的国

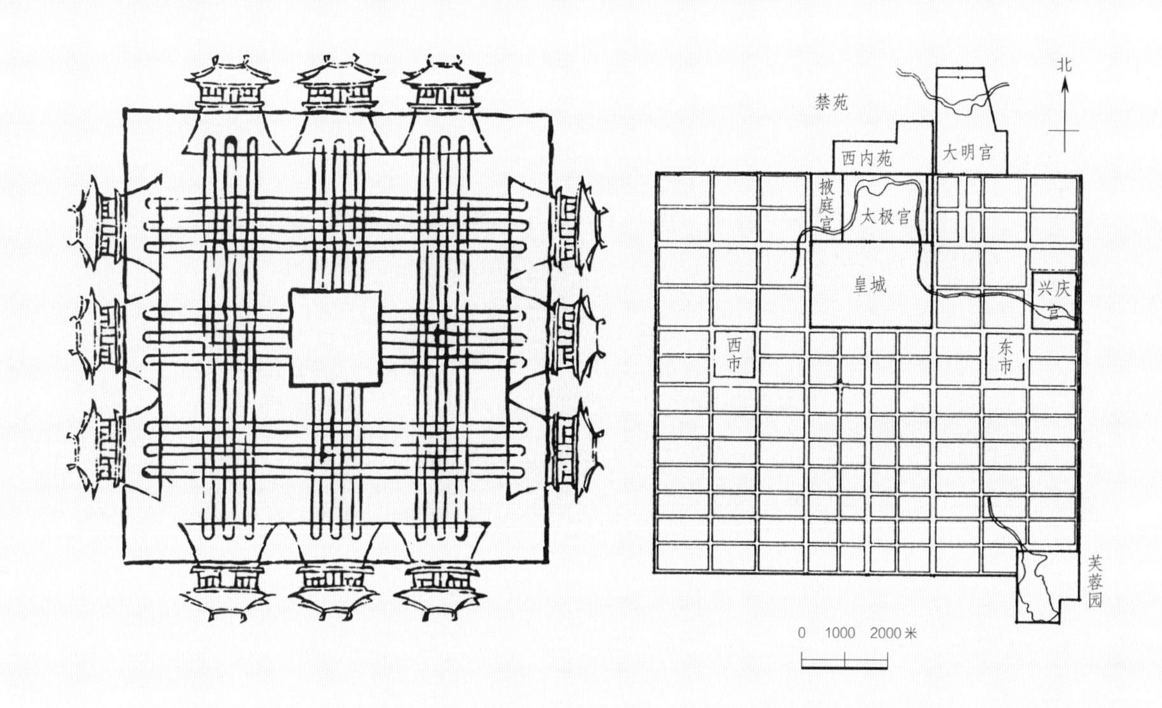

左：周王城图

右：唐代长安城图

都、帝王宗室在各地的都城三个等级之分，礼制规定王城的城楼高七丈，南北大道宽九轨（即可并行九辆车的道路）；国都的城楼高七丈，南北大道宽七轨；而都城只能城楼高五丈，南北大道宽五轨。礼制还告诉人们，凡房屋的体量，所用器皿之大小都以大者为高贵，以高者为高贵，所以帝王的宫殿应该最大、最高，诸侯、仕官、庶民百姓的房屋由大到小，按次序排列，不得超越违规。甚至连人死后坟堆的高低，所用棺木的木材厚薄都有具体的等级区别。礼制也规定祭祀祖宗时在祖先牌位的排列上，或者在祖先坟墓的位置安排上，要把最大的始祖位居中央，然后按大小次序分列在左右两侧。总之，房屋之大小、高低、是否位于中央和中心成为区别高低、贵贱的标准。

很显然，一套四合院式的建筑群体是很能适应这样的礼制要求的。一座四合院住宅，有前院、中院与后院，作为一家之主的父辈自然应该居住在四合院的中心即中院；在中院的四面围合的房屋中，主人自然应该住在中轴线上的正房，儿孙辈住在院子两侧的厢房，而家庭仆人们只能住在后院。这些房屋的大小、高低、讲究程度自

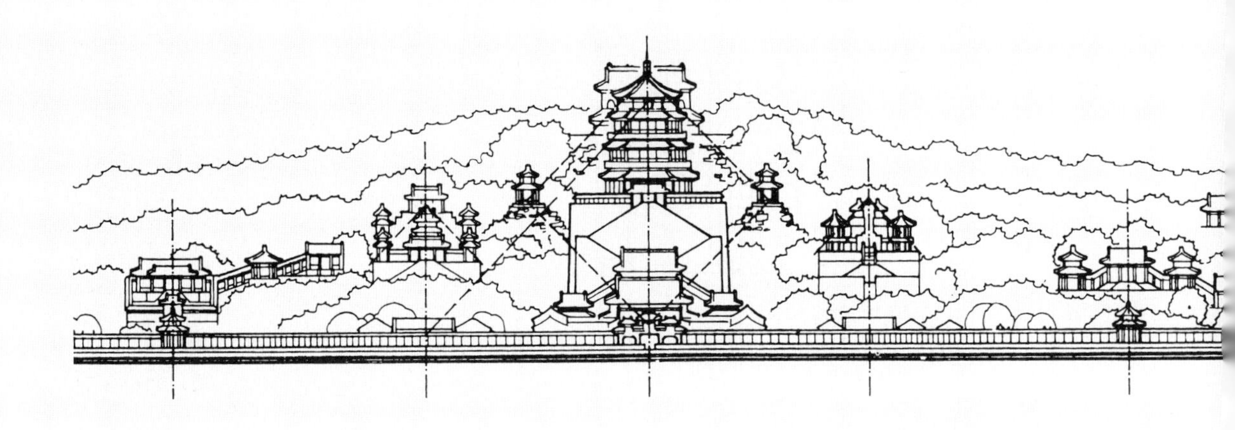

北京颐和园万寿山建筑群立面图

然按正房、厢房、前后院房的次序等而下之。一座四合院就这样满足了一个家庭的父子、兄弟、夫妻、主仆等一系列封建伦理道德的要求。

住宅是这样，寺庙、陵墓、宫殿也是这样，封建的礼制促使中国古代的建筑群体维持着方正对称、突出中轴的规则形式。扩而大之，由这些不同类型的建筑组合而成的城市也保持着这种规则的形式。在古代文献中也记录着古时王城的理想形态：城市呈方形，每边长九里，四周有城墙相围，四面的城墙上各设有三座城门，城内有九条横街和九条直街。城市中心为朝廷部分，其后为商市部分。城市的左方有祭祖先的庙，右方有祭祀土地、五谷神的坛。这种理想的、合乎礼制的城市模式一直为历代朝廷所遵循，唐代都城长安、宋代都城汴梁、元代都城大都都是按这种模式规划和建造的。在这种方方正正的城市中，由建筑、道路组成的各类广场、市中心也都免不了呈现出这严整的形式。在这里，也可以和西方古代的城市和建筑群体做一些比较。古希腊都城雅典，有一座建于公元前5世纪的雅典卫城。这是一座建造于城市山坡台地上的，由多座神庙组成的建筑群体。当时的希腊正处于工商奴隶主的自由民主制度的社会，城市的手工业、商

雅典卫城立面复原图

业都很发达，每年都要在城内举行祭祀城邦守护神雅典娜女神的盛大活动，有平民参加的游行队伍都要经过卫城，当他们走上山坡首先看到的是耸立在陡坡上的山门和镀金的雅典娜铜像，他们行进在卫城之中，可以望见布局灵活的神庙组成不同的景观。著名的帕提侬神庙位于这群建筑的中心，神庙巨大的白色大理石的柱廊、镀金的铜门、满布雕刻的山花、彩色的雕花檐部组成了绚丽而又庄重的形象，使游行队伍达到了欢乐的高峰。14 世纪以后欧洲进入文艺复兴时期，意大利几座著名古城都相继建起并出现了大大小小的城市广场。罗马的共和广场和帝国广场是由元老院、档案馆等公共建筑组成的。威尼斯临海之滨有著名的圣马可广场，广场四周有教堂、市政大厦、总督府和图书馆。这些建筑都采取灵活而不规整的布置，它们都是城市居民平日游览、活动和休闲的中心，广场中除巨大的建筑之外，还布置有塔楼、尖碑、喷泉、雕像，使广场具有丰富的景观与活泼、亲切的环境氛围。一种是规整的建筑群体和严肃、神圣的气氛，一种是灵活多变的建筑群体和活泼宜人的环境。这说明，不同的地区、国家与民族，不同的政治，经济状况和不同的文化、理念，必然会影响到它们的城市与建筑群体的形态。

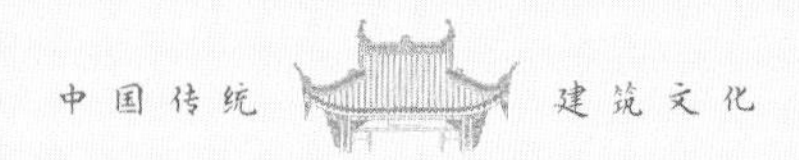

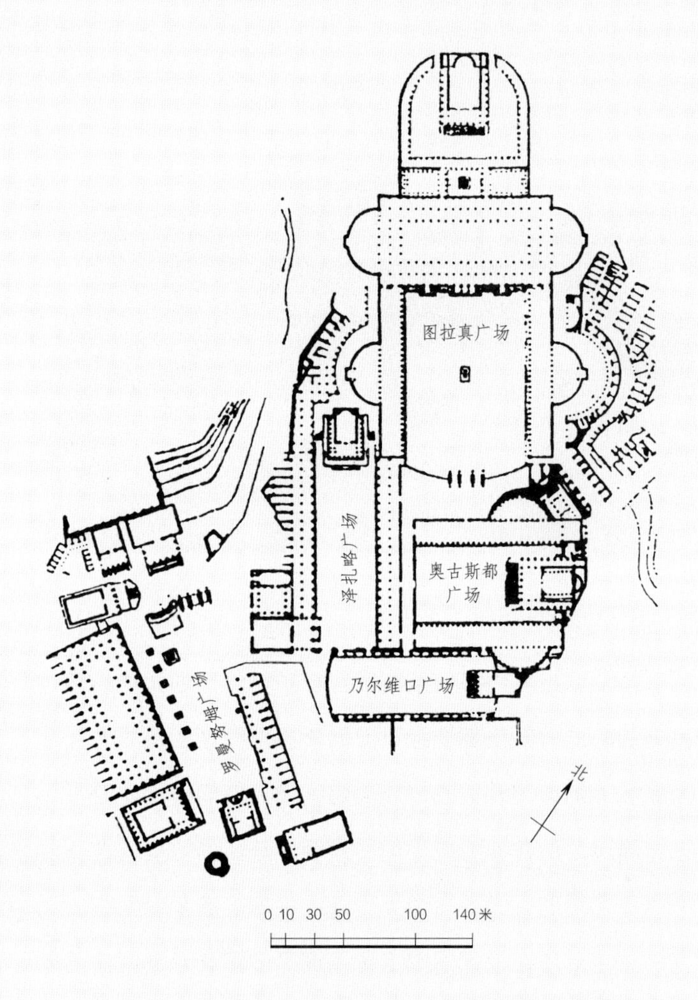

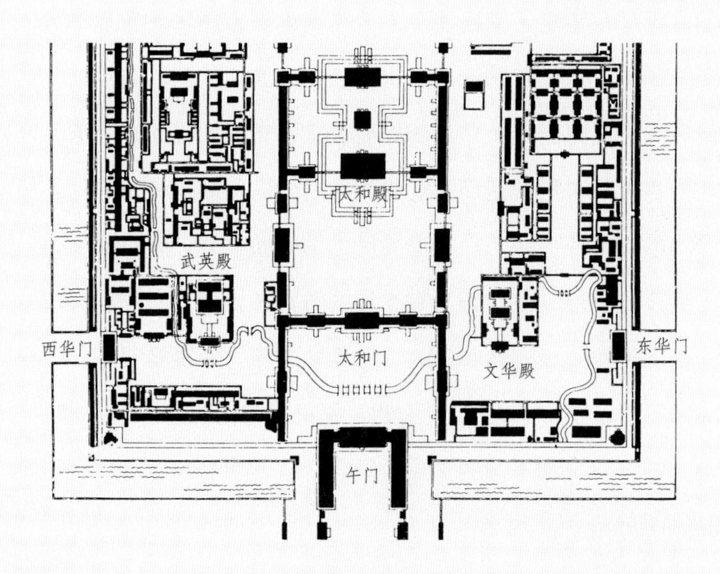

上：罗马共和广场和帝国广场平面图

下：北京紫禁城太和门、太和殿广场平面图

紫禁城的规划与布局

中国现存最大的古代四合院建筑群就是北京的紫禁城，它是明、清两代封建朝廷相继使用了 491 年的宫殿。历史上每一朝代的帝王取得了统治权之后，在房屋建设上首先就是要建造自己的宫殿，帝王可以花费大量的财力，应用当时最好的材料、最精良的技术，调集众多人力来建造这些宫殿，所以一个时代的宫殿往往集中显示了那个时代在建筑技术与建筑艺术上的最高水平。

建筑既具有物质功能，同时又具有艺术功能，宫殿建筑自然也是这样。一座宫殿在物质上需要满足帝王在处理政务、生活起居、宗教神灵信仰和娱乐等多方面的使用要求；同时宫殿又要显示出封建帝王一统天下、高度集权的那种无比的威势。

我们首先来看紫禁城在总体规划和建筑群体的布局上如何满足这些物质功能和体现这种精神要求的。

打开明、清时期的古城北京地图，可以看到在四周有围墙的城市中心部分是皇城，皇城中有帝王的宫殿和祭祖先和土地的太庙、社稷坛和帝王的园林，以及朝廷的各官府。宫城即紫禁城的位置位于皇城的中央偏东南，但它却正处于整座北京城的中轴线上，体现了以中为高贵的传统礼制。所以北京具有从宫城、皇城、北京城由里到外的三道城，充分表现了封建王国的礼制。

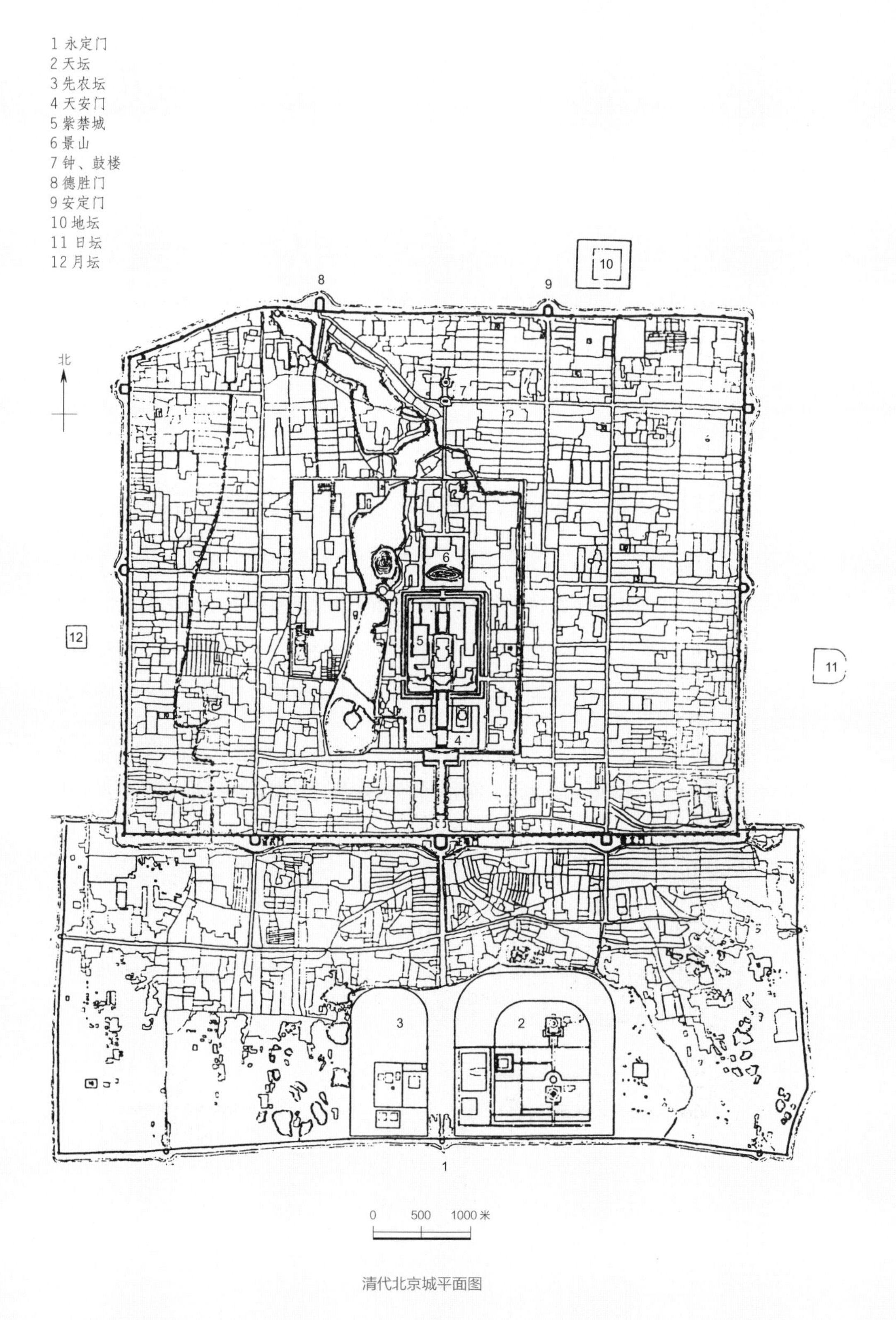

1 永定门
2 天坛
3 先农坛
4 天安门
5 紫禁城
6 景山
7 钟、鼓楼
8 德胜门
9 安定门
10 地坛
11 日坛
12 月坛
北
0 500 1000米

清代北京城平面图

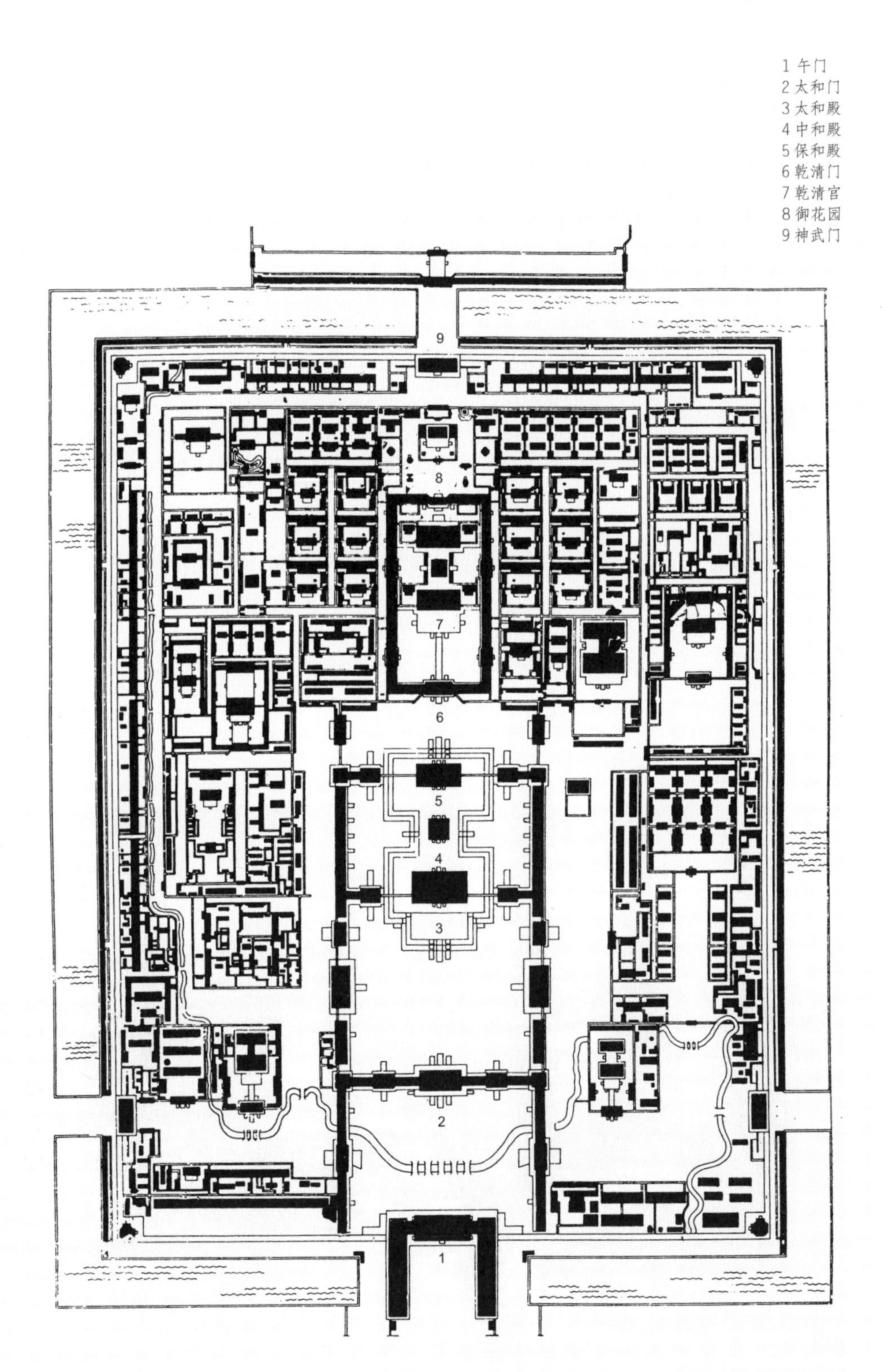

紫禁城平面图

进一步打开紫禁城平面图，可以清楚地看到，城的前半部布置有太和、中和、保和三座大殿，它们是皇帝在有重大礼仪和节日召见朝廷文武官员和举行盛大典礼的地方，这里不但有庞大的殿堂而且还有广阔的庭院和储存礼仪所需设备的配殿、廊屋。这些殿堂前面的宽阔庭院不但可满足等候皇帝召见的文武官员和参加盛大典礼的礼仪队伍的需要，而且也显示出宫殿建筑群体的宏伟气魄。因为这里是皇帝处理朝政的地方，又位于宫城前部，所以称为“前朝”。

紫禁城的后半部布置了皇帝生活起居的建筑。其中部是皇帝居住和处理日常公务的乾清、交泰、坤宁三座殿堂；东侧为皇妃和皇太子的居住地；西侧为皇太后、太妃居住地；另外还有进行宗教、祭祀活动的建筑，供皇帝游乐的园林以及大量服务性房屋。因为皇帝及家族居住生活的部分处于宫殿的后半部分，所以称“后宫”，相对于前朝部分，其面积不足一半，但建筑却比前朝密集。

紫禁城鸟瞰

左：紫禁城后宫建筑群

右：紫禁城角楼

值得注意的是紫禁城内所有建筑都是一组又一组的四合院。前朝的三座大殿，后宫的三座殿堂，皇妃、皇太子、皇太后、太妃的居住建筑都是大大小小的四合院，这众多的院落有次序地排列在一起，用纵、横方向的巷道相连。它们的四周被一道高大的城墙包围，城墙的东、南、西、北面各开有一座城门，城墙四个角上建有四座起瞭望保卫作用的角楼，城墙之外侧又有一道护城河，从而构成一座由无数四合院组成的完整而又坚固的紫禁城。它占地 72 万平方米，建筑面积 16 万平方米，成为世界上现存最大的宫殿建筑群。

更应该看到，紫禁城内主要的宫殿和大门，包括前朝和后宫的三座大殿，它们的大门太和门与乾清门，紫禁城前后的午门、神武门都处于同一轴线上，而且这一条轴线继续向南北延伸。其南从北京外城南端的永定门、内城的正阳门、皇城南面的天安门，经端门到午门；其北出神武门，经景山中央的万寿亭，出皇城的北门地安门直至鼓楼和钟楼。这一条南起永定门北至钟楼的轴线长达 7500 米，它位于北京城的中央，充分显示出封建皇权的统一与威势。

紫禁城城墙、护城河

紫禁城的建筑

紫禁城的建筑面积达16万平方米，前面已经说过，中国木结构的房屋是由基本单元的“间”组成。如果以间来统计，有人说这些建筑共有9999间半。所谓半，是指一座储存图书的文渊阁，面阔六间，其中有一间只有一座上下楼的楼梯，特别狭窄，所以算半间。这9999间半之说只表示紫禁城建筑之多，据统计实际是8700余间。面对这由数千间组成的近千幢大小建筑，只能选择处于中轴线上的主要建筑予以介绍，从中可以了解到这些建筑具有什么样的物质和精神两方面的功能。

午门

午门是紫禁城的大门，也是皇帝下诏书、下令军队出征和军队凯旋向皇帝献战俘的地方，所以它是紫禁城最重要的一座大门。午门的形式是在高高的城台上，中央有一座面阔九间的大殿，采用重檐庑殿式屋顶。殿的两翼各有13间的殿屋向前伸出，在殿屋的前端各有一座方形的殿堂，三面的城台和建筑围合成门前的广场，整座门楼呈“冂”字形，这种形式的大门称为“阙门”。午门的屋顶和阙门的形式在屋顶和大门的形式中都是属于最高等级的。在午门城台下面有三个门洞，在左右城台的北头还各有一座门称“掖门”。正面中央的门

左：午门

右：（上）午门受俘图

（下）午门北面

是专供皇帝进出紫禁城使用。除皇帝之外，皇后在结婚入宫时可从此门进入；各省的举人汇集京城接受皇帝御试，考中第一、二、三名者可由此门出宫。平时文武官员上朝，文武官进出东门，王公宗室进出西门。如果遇节日盛典，进宫的官员和皇室成员增多，或皇帝举行御试各省晋京的众举人时，才将左右掖门打开，文武官员分别进出东、西掖门，各省举人按在京城会考时所取得的名次，列单数的走东掖门，列双数的走西掖门，可见午门五座门洞的设置与使用鲜明地体现了礼制的等级制度。

太和门

太和门是前朝部分的大门，是紫禁城内建筑群体的入口，所以它的形式不能像午门那样隆重。大门坐落在一层白石台基上，面阔九间，采用重檐歇山式屋顶，这是仅次于重檐庑殿顶的一种屋顶形式。大门之前，左右两侧各有一座铜狮子。狮子性格凶猛，俗称兽中之王，所以常用它的形象放在大门两旁，起到守护建筑的作用。这对铜狮蹲坐在高高的石座上，张着嘴，瞪着眼，形态十分雄伟，增添了太和门的威势。

太和门前有一个扁宽的广场，在广场中央横卧着一条河道，取名为金水河，河道不宽，上面架着五座石桥。紫禁城内并没有自然河道，这条金水河为什么会出现在太和门前？早期的人类生存离不开山，山林中有野兽、有树木，原始人靠披野兽皮取暖，靠食野兽肉充饥。后来人类掌握了取火技术，用火取暖，用火煮熟食物，用火烧制陶器，山林又提供了燃料；人类从山洞中一走出便开始建造自己的住屋，山林提供了木材。人类的生活和生产是一刻也离不开水。实践让人类知道天地与山水是人类赖以生存的环境，而背靠大山、面临流水更是人类生存的理想环境。在历史的长河中，这种理想环境

太和门

逐渐形成为一种理念，一种公认为能够取得吉庆、祥和生活的环境模式。在广大农村中，这种理念更通过风水学说加以固定化和神化，发展到即使没有这种自然环境，也要人工创造出这样的环境以求得吉祥与安宁。太和殿前这条金水河就是根据这种风水学说而产生的。在建造紫禁城时，把护城河的水自宫城西北角引入，使它们流经太和门前，并且用挖掘护城河取出的土在紫禁城的北面堆积了一座土山，取名景山，从而使这一座皇家宫殿建筑群具备了背山面水的吉利风水环境。当然，这种吉利并没有实际作用而只具有心理上的象征意义。

太和殿

走进太和门，眼前是一个十分开阔的广场，太和殿就坐落在广场的北面。太和殿是皇帝举行登基、结婚典礼，做寿辰，在重大节日接受文武官员祝贺和举办宴会的地方。位于其后的中和殿是皇帝上朝前做准备和休息的场所。中和殿北面的保和殿是皇帝举行御试和宴请王公的殿堂。这三座大殿组成前朝部分的中心，也是整座紫禁城的中

太和殿前举行清代皇帝结婚典礼

太和殿

太和殿内景

太和、中和、保和三大殿

保和殿

心。其中的太和殿更具有重要的地位，因为它在紫禁城内，体量是最大的，面阔 11 开间，达 60.06 米，大殿本身高 26.92 米，加上殿下的台基，自广场地面至大殿屋脊共高 36.03 米。它的屋顶采用的是最高等级重檐庑殿顶。这三座大殿共处在一座高达 8.13 米的三层石台基上，古代讲究"高台榭，美宫室"，台基越高，宫室就越宏伟美观，因此这里用了三层的石台基，全部用汉白玉石料建造。三层台基的周边都围绕着石栏杆，栏杆上充满雕刻。像这样的三层石台基，北京除了这三大殿之外，只有在明代长陵祾恩殿，天坛圜丘、祈年殿，太庙正殿几处可以见到，也就是只有皇帝生前、死后的宫殿，祭祀天和祖先的大殿可以应用，可见这三层台基所具有的神圣和重要意义。

除此之外，在太和殿前面的台基上还布置着铜龟、铜鹤、石嘉量

紫禁城前朝三大殿下三层石台基

上:（左）太和殿前铜香炉
（右）太和殿前铜龟
下:（左）太和殿前铜仙鹤
（中）石嘉量
（右）日晷

和日晷。龟与鹤皆长寿，嘉量是国家统一的度量器，日晷是古代一种计时器，在圆形的石盘外围刻有度数，中心插一长针，通过日光照射的针影落在圆盘刻度上的位置而知道时间。在大殿之前置放它们象征着国家的统一、江山永保和社会的长治久安。几层台基上还排列着铜炉，这是用作焚烧香木的器具。每当朝廷举行重大礼仪，庞大的仪仗队罗列广场，旌旗招展，殿前香烟缭绕，一时间，钟鼓齐鸣，文武百官齐声祝颂皇帝圣安，这气氛是颇具感染力的。

乾清门

乾清门和后宫三殿

乾清门是紫禁城后宫部分的大门，它与前朝部分的大门太和门相比，在礼制上要低一等级，所以它的形式尽管也是宫殿式的大门，但面阔只有五间，下面的石台基比太和门低矮，屋顶用了单檐歇山顶，比太和门的重檐歇山顶也低一等级。门前两侧也有铜狮子守护着，但狮子从体量到神态都没有太和门前的狮子那样雄伟。但是乾清门毕竟还是处于中轴线上的一座重要大门，所以特别在大门的两侧加了两道影壁，呈“八”字形分列左右，它们和大门组成一个整体，增添了乾清门的气势。

后宫也有三座殿，最前面的乾清宫，是皇帝、皇后的寝室，有时皇帝也在这里处理日常公务和召见大臣。其后为交泰殿，为皇后接受皇族朝贺之处。最北面的坤宁宫是皇后居住的正宫，清朝把皇帝结婚的喜房也设在这座殿里。这三座殿也是共处于一座石台基上，只是这里的台基只有一层而不是三层。乾清宫因为是皇帝的居室，所以屋顶用的也是最高等级的重檐庑殿式，但它的面阔只能是9间而不能

紫禁城后宫

乾清宫

是 11 间。乾清宫的前面也有一个广场，但它的面积远没有太和殿前的广场大。总之，从殿堂的形制、庭院的大小、台基的高低来看，后宫比前朝都要低一等级，这就是传统礼制的要求，是不能超越和违反的。

乾清宫内景

紫禁城建筑的装饰

一组建筑群的规划与布局，一座房屋的形式，既体现了建筑的物质功能，也显示了建筑的精神功能。但是建筑群的规划，单体房屋的形象，只能在环境上、景观上、总体形象上给人们一种感受，一种崇高、宏伟、神秘或者是宁静、清幽、欢快的感受。如果要建筑进一步表现出某种理念与思想，或者强化前面所说的种种不同的感受，那就需要依靠建筑的装饰。

建筑装饰的含义很广，建筑的色彩、质感处理，建筑某一部位如屋顶、屋身、基座的形象塑造，建筑局部、构件的美化，建筑上的绘画、雕刻，等等，都属于装饰范畴。

紫禁城的色彩

如果在一个晴朗的天气步入紫禁城，首先让人感受到的是四周环境的色彩。碧蓝的天空下一片黄澄澄的屋顶；座座宫殿的红墙、红门、红窗衬托着屋檐下青绿色的彩画；白色的台基下面是灰黑色的砖地面；这蓝与黄、红与绿、黑与白构成了强烈的对比，这浓烈和绚丽的色彩完全显示了皇家宫殿的宏伟与富贵。为什么紫禁城的建筑会采用这样的色彩？为什么要用如此大片的黄色屋顶和红色的屋身？

在中国古代，认为世界万物是由金、木、水、火、土五种元素所

紫禁城宫殿建筑的色彩

组成。人们观察到地上的方位也分东、西、南、北、中五方；天上的星座也分为东、西、南、北、中五宫；所看到的颜色也有青（蓝）、黄、赤（红）、白、黑五色之分；听到的声音也分作宫、商、角、徵、羽五音阶。人们进一步还把金、木、水、火、土这五种元素和五方、五色、五宫、五音联系起来组成有规律的相配关系，以五宫、五方和五色的关系来看，天上星座中东宫呈龙形，它与东方的青色相配称为青龙；西宫星座呈虎形，与西方的白色相配称白虎；南方星座呈鸟形，与南方朱色相配称朱雀；北方星座呈龟（又称武）形，与北方黑色（又称玄色）相配称玄武。因此青龙、白虎、朱雀、玄武成为天上四个方向星座的标记，也成了地上四个方位的象征，龙、虎、朱雀、龟因而也成了人间神兽，它们的形象被广泛地应用在装饰中。在五种色彩中，除了东青、西白、南朱、北黑之外，中央是黄色。黄为土地之色，土本为万物之本，尤其在中国长期的农耕社会中，土地更具有特殊的重要地位，所以自古以来，黄色在中国被认为是正色，它居于其他诸色之上，成为五色之中心，是人间最高贵、最美丽的颜色。黄色的袍服成了皇帝的专用服饰；皇帝行走的道路在几条并行道路的中央，称为黄道；黄色与皇帝联系在一起了。

左：宫殿建筑的黄琉璃瓦屋顶

右：宫殿建筑青绿色彩画和红门、红窗

红色也是五色之一。人类认识红色很早，红色的太阳一早升起给人带来温暖；人类知道了钻木取火，由吃生食改变为吃熟食，这是人类进步的重要一步，而火是红色的。考古学家在原始人类居住的北京房山区周口店的山顶洞内发现了用红色染过的贝壳和兽牙，经论证这可能是原始人类的装饰品，这说明人类不但认识了红色而且还把红色当作是表现美好的颜色了。在中国古代，红装代表妇女的盛装；在民间更以红色为喜庆的色彩。结婚用红被、红枕、红色家具；生儿育女请家人吃染红的鸡蛋，称为喜蛋；老人过生日挂红色寿屏；过年大门上贴红色门联；等等。在朝廷，明朝规定，凡送呈皇帝的奏章必须为红色，称为红本；清朝也有制度，凡经皇帝批完的章本，由朝廷用红笔批发，也称为红本。无论在朝廷还是民间，红色都代表着庄重、喜庆、吉祥、欢乐。所以，在紫禁城的建筑上，把黄色与红色当作装饰的主要色彩，应该是情理中的事，而不是偶然的现象。

黄色与红色除了所含有的人文内涵和象征的内容之外，同时也具有作为色彩本身的视觉效果。在色彩学中，将色彩分为暖色与冷色，黄与红属暖色调，而其中的黄色比红色更显得明亮而显著。青蓝与绿属于冷色调，如果暖色与冷色放在一起，它们之间可以产生对比作用，可以使各自的色彩效果比独立存在时表现得更为鲜明和突出。明朝结束了元朝蒙古族的统治，统一了中国，恢复了汉民族在全国的政权，所以皇帝对宫殿的要求是整体气魄大、建筑华丽宏伟，这样才能表现出封建帝王的权势与威望。为了达到这个目的，除了在前面所说的在建筑群规划与布局、建筑群空间的组合变化、建筑形象的塑造上下功夫之外，在建筑色彩上要充分应用对比的手法。在北京碧蓝的天空下正适宜用明亮的黄琉璃瓦；在大红的墙体、门窗之上正好用青绿色的彩画；在灰黑的砖地上更适合用洁白的台基。这蓝天与黄瓦、红屋身与青绿彩画、白石与黑地正好都是对比的色彩，它们搭配在一起产生了极为强烈的色彩效果，它们显示出的富丽堂皇、光彩夺人正体现出封建王国的气势与威力，色彩在这里真正起到了十分显著的装饰作用。

龙的装饰

在中国建筑的装饰中经常可以见到龙的形象，尤其在紫禁城宫殿建筑上，龙的装饰随处可以看到。龙是什么？从这些装饰物上我们观察到龙的形象，它有头有尾，有龙腿龙爪，龙身上还带有鳞纹，总之，它具有一般动物的躯体。但是在中国，龙并不是现实物质世界中的某种生物，而是古人综合多种动物的躯体而创造出来的一种神兽。人们赋予龙许多神的功能，它威力无穷，既能上天又能入地，它能呼风唤雨，能顷刻间带来飓风和洪水；它可以给人间带来好运，也可以造成灾难。所以，龙代表古代人类的一种神话意象，或者说龙是人类所崇敬的神或原始人类所不认识也不能驾驭的某些超自然力量的

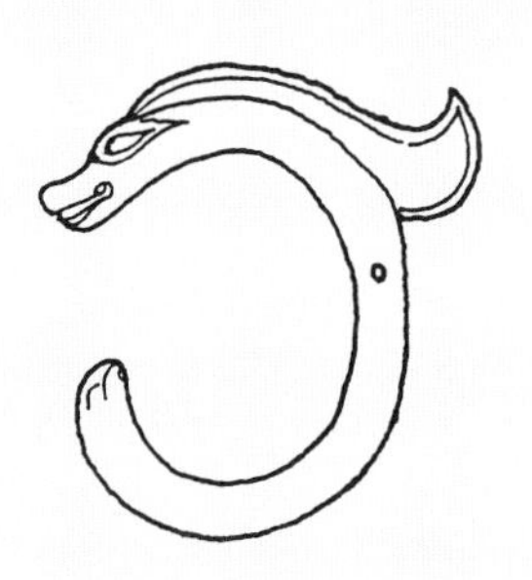
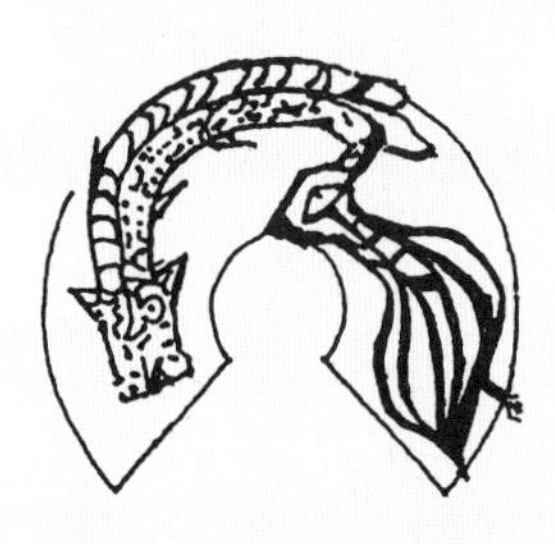

左：内蒙古地区出土的玉龙

中：陶器上的龙纹

右：战国时期瓦当上的龙纹

左：皇帝的龙袍

右：（上）皇帝坐的龙椅

（下）梁上龙纹

化身。经过历史的长期沉积，龙已经成为中国古代一种类似图腾的标记，所以中国的炎黄子孙都被称为“龙的传人”。

龙作为一种神兽的形象，很早就出现在中国古代的工艺品和日用器皿上。在内蒙古自治区发现的玉龙是距今约5000年前的遗物，陕西半坡村约6000年前的陶器上也有龙的形象，其后到战国时期（公元前475～前221年）的青铜器上龙的形象就用得更多。在建筑上，现在发现的战国时期的瓦当上已经有了龙的形象。

龙与封建皇帝什么时候产生了联系？据史料记载，公元前206年汉高祖刘邦取得了政权，但他出身低微，所以便设法论证自己是龙的后代，自称为龙子，从此之后，皇帝都以真龙天子自居。炎黄子孙既然都是龙的传人，那么真龙天子统治百姓自然符合天意神意了，于是龙成了皇帝的象征。皇帝穿的衣服上绣满龙纹，称作龙袍；皇帝坐的椅子上满布雕龙，称为龙椅；皇帝应用的食具、茶具等器皿上也都用龙纹作装饰。紫禁城既然是皇帝的宫殿，当然要大量应用龙的装饰。白石台基栏杆和台阶上有石雕的龙纹；建筑梁枋和天花板上画着金色的龙；房屋的门窗上有木雕龙；甚至在小小的门环上也可看到龙

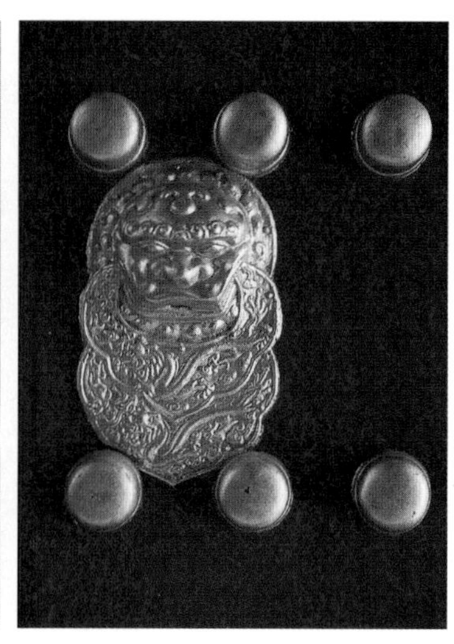

左：紫禁城栏杆石柱上的雕龙

中：大门铜片上的龙纹

右：大门上的铺首

纹的装饰。一座太和殿，从外面的梁枋到门窗都画着、雕着龙纹；大殿里面有六根金色立柱，柱身上各盘绕着一条巨龙；大殿的天花板、藻井上布满了龙纹；殿内皇帝坐的御椅和椅后的屏风上也满布木雕龙。有人统计，在太和殿的里里外外、上上下下，共有12654条龙，数字可能并不精确，但这里的确可称得上是龙天龙地，一走进这座大殿，仿佛到了龙的世界。

龙既然是人们创造的神兽，那么它的体态可以不受自然动物生态的限制，这给装饰造成了方便的条件，可以在建筑不同的部位、不同的构件上应用和塑造龙的形象。立柱上可以用颀长的龙体盘绕柱身；天花板的小方格中一条龙身端坐中央称为坐龙；梁枋上龙身在行进游动的称为行龙；如果两条行龙相对，中间有一颗宝珠，则称双龙戏珠；大殿天花板中央的藻井，井底有一条盘卷的木雕金龙，龙头朝下，龙嘴中衔着球形宝珠，构成华丽的重点装饰，称为盘龙。但是在一些构件上很难用一条龙的整体形象，例如屋顶正脊两端的正吻、大门上的门环座、台基上伸出的排水口等处，在这些部位往往只适宜于用龙的头部进行装饰，由于它们不具备龙的完整形象，所以把这样的装饰不称为龙而名为“龙子”，即龙的儿子。这真是一种巧妙的称呼，于是在紫禁城里不但有龙的装饰，而且又产生了龙子的装饰。它们各有其

左：藻井上的木雕龙
中：宫殿建筑上的正吻
右：台基上的螭首

左：香炉腿上的兽头
右：石碑下的龟

名，而且根据它们所处的不同的情况还赋予各自的特性。例如龙子之一为屋顶上正脊两端的正吻，称为螭吻，因为居高远望，而且它的形象是一个龙头，张着嘴，口含正脊，所以其性好望、好吞。龙子之二为大门上口衔门环的基座，称铺首，形为一兽面，因为守护着大门，使大门紧闭，所以其性好闭。龙子之三为台基上排水用的石雕兽头，兽头的嘴直通台基面，下雨时台面上的水可自兽嘴中排出，故其性好

水。龙子之四为赑屃，即石碑下的龟，在这里也变为龙子了，因为它背负重石，所以其性好重。龙子之五为香炉脚上的兽头，张着嘴衔着炉脚，香炉的作用为燃烧香木以生烟雾，所以其性好烟。还有其他的龙子，这里的龙子之一、之二并不代表一定的序列，常说“龙生九子，各司其职”，说明龙有不少儿子，它们在不同的位置各有不同的形象和用处。然而所谓龙子并不具有生物学意义，而只是一种社会学现象。古人既能创造龙，当然也能创造龙的家族，创造出龙子龙孙。

等级制的表现

作为中国礼制核心的等级制在紫禁城的装饰里自然也有表现。我们在前朝三大殿前后的大石台阶上可以看到有九条龙的雕刻；在紫禁城宁寿宫前的一座琉璃影壁上也可看到有九条用琉璃制造的龙；在宫殿大门上可见到纵九行、横九排的门钉。为什么会出现这些九的数字？这自然不是偶然的现象。中国古人认为世上万物皆分阴阳。天体中天为阳，地为阴；人体中男性为阳，女性为阴；数字中单数为阳，双数为阴；方位中前为阳，后为阴；等等。阴与阳既对立又相互不可

左：宫殿建筑大门上的门钉

右：保和殿北御道石上雕龙

分离，这是古人对客观世界的一种认识、一种宇宙观。具体到紫禁城里，宫殿的主人是皇帝，当属阳。皇帝的宫殿用龙作装饰，在某一个部位上，用多少条龙，当然应该用阳性数字中最大的。单数为阳性，单数一、三、五、七、九中九最大，所以就出现了皇帝专用的台阶御道和宫殿前琉璃影壁上的九条龙，大门上 9×9=81 枚门钉也成了宫殿大门的标记。宫殿屋脊上成排的小兽，在太和殿、保和殿这样重要的大殿上用的也是最高单数 9 个，而在中和殿上用 7 个，到御花园的亭、榭、楼、阁建筑上则成为 5 个、3 个了。这些或明或暗的数字既表现了礼制中的等级规定，又包含了丰富的人文内容，只是这些内容如果不加以解读，不容易使人知晓。它们不像紫禁城的色彩能够通过人们的感官产生直接的装饰效果，也不像石雕、木雕那样能够具体地表现出某一种装饰内容。

上：紫禁城的九龙壁

下：太和殿屋脊上的走兽

紫禁城的建造

明成祖朱棣登上皇位之后，即决定将都城从南京迁到北京。当时，北京作为元朝的都城大都尽管城市仍保存完整，但皇城中的宫城却已被毁，所以明朝紫禁城是在元宫城的位置上完全新建的。

明永乐五年（1407 年）明成祖下令营建紫禁城，对于这样一项重大工程，首先进行的是总体规划和建筑的设计。规划、设计包括现场的地形、地质、环境的勘察；根据朝廷对宫殿在物质功能与精神功能两方面的要求设计，绘制出房屋的图纸并制作出房屋的模型，经过朝廷层层审查，最后得到皇帝的批准；然后估算出所需材料和人工数并核算出需要的钱、粮、资金，经核准之后，才正式开始建造。

建造之初首先是采集材料。中国木结构建筑最关键的是木料，而建造宫殿的木料要求质量好、尺寸大、数量多。当时这类木料多产在浙江、江西、湖南、湖北和四川一带，从山林砍伐的木材，多经过当地河道先流入长江，经长江运到南北大运河，然后经运河北上，最后送至北京。如此，从采伐地运抵京城有时需要三年时间，而且经长途水运的木材上岸后必须经过晾晒，干燥后才能存入库房备用。

除木料外，建造宫殿需要大量的砖、瓦、石、灰等材料。宫城城墙、室外地面、房屋墙体、室内地面都需要砖，这些用在不同位置的砖大小和质量要求均不相同，总计约需 8000 万块以上。这些砖不可能都在京城附近烧制，例如殿堂屋内铺地的“金砖”就产自江苏苏州地区，因为它们需要用当地特有的一种质地很细的泥制造坯，从制坯、晾晒、烧窑，直至验收、运输，都有一套严格的要求。这种砖质地坚硬，外形方正，敲之可发出金属声，故称“金砖”。宫殿所需琉璃砖、瓦的数量也很巨大，而且品种多样，制作复杂，为了方便，在京城附近设窑烧制，现在北京南城的琉璃厂、北京郊区的琉璃渠都是当时烧制琉璃的旧址。建筑材料中最难采集的是石料。大量宫殿的台基、栏杆、台阶需要用一种汉白玉石料制造，这种汉白玉石料集中产地在河北曲阳县一带，距北京有 400 里。巨大而沉重的石料要搬运数百里之遥在当时确非易事。聪明的工匠想出了旱船滑冰的办法，就是在沿路打井，利用冬季，取井水泼地造成一道冰道，将石料放在旱船上，在冰道上用人力曳拉运行。保和殿后面有一块台阶御道石，长达 16 米，宽 3.17 米，重达 200 余吨，据史料记载，当年运送这块巨石，沿途打井 140 余口，拉旱船的民工排成 1 里长的队伍，每日前进仅 5 里路，前后动用民工 2 万余人，耗费白银 11 万两。后来尽管创造了一种有 16 个轮子的大车装运石料，改用大量骡子拉车，但每日也只能前进 6.5 里。

这样的备料工作一直进行了近十年，现场施工才大规模地开始。当时调集了全国各地的十万工匠和几十万劳役，在这块 72 万平方米的工地上，全面地展开了宫城的筑造：木构架的架设、房屋墙体和屋顶的建造、屋内外地面的铺砌、门窗的安装、雕梁画栋、石料加工与雕镌，历时数年，于明永乐十八年（1420 年）终于建成了这座紫禁城。试想当年，文武百官和各路使节，走进午门，跨过金水河，经太和门步入广场，但见旌旗招展，穿过神威的仪仗队伍，走过长长的石板道，爬上三层高台基，台上烟云缭绕，钟鼓齐鸣，进到太和殿，透过盘龙金柱，方见到封建帝王端坐在高高的御椅上，这种环境的确是颇有威慑力的。当年紫禁城的营造者正是通过这些建筑群体的空间变化、建筑形象的塑造、多种装饰的处理，圆满地满足了紫禁城在物质和精神双方面的要求，它说明明朝在建筑技术和艺术上已经达到了一个很高的水平，它表现了中国古代工匠高超的技艺。如今，紫禁城昔日那种威慑力已经不存在了，它留给我们的是一份体现着中国古代优秀建筑文化的珍贵遗产。1987 年，北京紫禁城被联合国教科文组织列入“世界文化遗产”名录，成为世界性的文化珍宝。

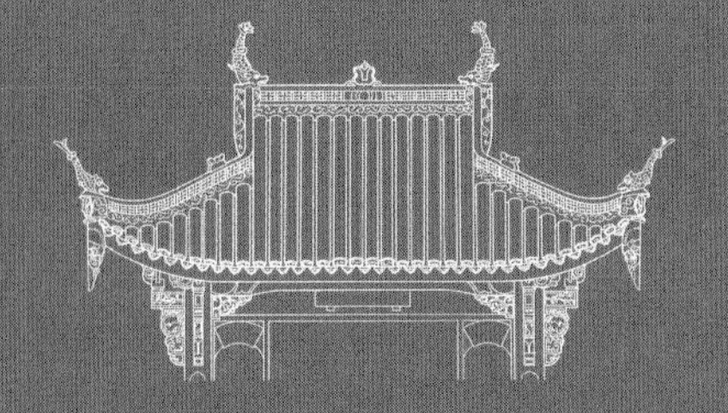

第三章 祭祀与坛庙

CHAPTER THREE

早期人类生存离不开天地与山川。俗话说“天有不测风云”，或者说“风雨无常”，意思是人类对于天地间风雨的变化无法预测和掌握。天降暴雨，山洪暴发，江河泛滥成灾；久旱不雨，赤地千里亦成大灾；飓风骤至，也能造成屋毁人亡。早期人类对这些自然界的现象既不认识，更没有掌握或改变它们的能力，只有恐惧与企求，于是很自然地对天地山川产生了一种敬畏之情，这就是人类自然崇拜产生的社会原因，也可以说，这就是人类早期的原始信仰。中国进入农耕社会以后，人们主要进行农业生产，更加大了对天地山川的依赖。大地、山林、江河是人们生产的基地，天气变化直接关系着生产。风调雨顺，则五谷丰登；江河泛滥、赤地千里则使土地颗粒无收。自然界的变化直接决定着农作物的丰歉，也决定着人间的祸福，于是人们对天地山川的崇拜进一步得到强化，由敬畏、崇拜发展成了对天、地、日、月、山、川的祭祀。

祭祀坛庙的产生

祭祀是以物化的形式显示和完成的一种崇拜活动。在以礼制治国的中国，这种祭祀自然被纳入了礼制范围，所以礼制对这种祭祀从意义、原则直至礼仪都有明确的规范。礼制认为：一国之王所以要祭天拜地，是因为天地乃王者的父母，祭天地是帝王尽儿子的孝道，所以祭祀天地成了中国历代王朝的重要政治活动。礼制还规定：即使国家遇到大丧（所谓大丧是指皇帝去世或者皇帝生母去世），在大丧期间，一切对祖宗、神仙的祭祀都要停止，但是对天地的祭祀不可停止。帝王既成了天地之子，所以礼制又规定：天子能祭天地、山川、四方等，而诸侯以及以下的官员都不能祭天地，只能祭山川等。祭天地成了皇帝的特权，非帝王之任何人如果祭了天地非但属于越礼行为，而且还无效应。

因为天、地、日、月皆属自然之神，所以把祭祀的场所放在都城的郊外，郊外远离城市之喧闹，环境更为幽静，更加接近天体宇宙，可以增加肃穆崇敬之情，因而将祭祀天、地、日、月统称为郊祭。按古代阴阳五行学说，天属阳，地属阴，而在方位中，前方朝南为阳、北方属阴，因此在南郊祭天，北郊祭地；又因日升起于东，月生于西，所以在东郊祭日、西郊祭月。这样阴阳相互对应，天、地、日、月各得其位，达到天下之平和。明成祖朱棣在规划北京城时，就按照这种礼制在都城外的南、北、东、西郊建了天、地、日、月四坛，四坛中以南郊的天坛规模最大，也最重要。

北京天坛

天坛是皇帝祭天的场所，按礼制，它处于北京城的南郊，明朝中叶北京城扩大，在南面加筑了一道外城墙，于是把天坛围在外城墙之内。天坛建于 1420 年，与紫禁城建于同一时期，它占地 4184 亩，约是紫禁城面积的四倍。

天坛圜丘

天坛的正门位于西，外面和北京城的中轴线永定门内大道相连，以便于皇帝自紫禁城来祭天。进西门后的路南有一组斋宫建筑，这是供皇帝祭天之前居住的地方。举行祭祀仪式的主要建筑布置在天坛偏东地区，这是一组按南北中轴线排列的祭祀建筑。最南面为圜丘，这是皇帝祭天的场所，它由三层圆形石台基组成，每层台基四周皆有栏杆，在它的四周只有里外两道矮墙相围。圜丘之北是一组皇穹宇建筑，主殿为圆形小殿，是平日置放昊天上帝神牌之地。主殿两侧有配殿，四周有圆形墙相围。在皇穹宇之北是另一组祭祀建筑祈年殿，它处于中轴线之北头，是皇帝每年夏季祈求丰年的地方。主殿祈年殿，圆形大殿上面有三层檐的屋顶，下面有三层白石台基，大殿屹立于广场之北，形象十分庄重，前有祈年门，左右各有配殿，四周有围墙组成完整的建筑群体。除这几组主要的建筑之外，还有西门内的神乐署与牺牲所，这是舞乐人员居住和饲养祭祀用牲畜的地方。在圜丘之西和祈年殿附近也有几组宰牲亭、神厨神库、具服台等建筑，它们都是

北京天坛平面图

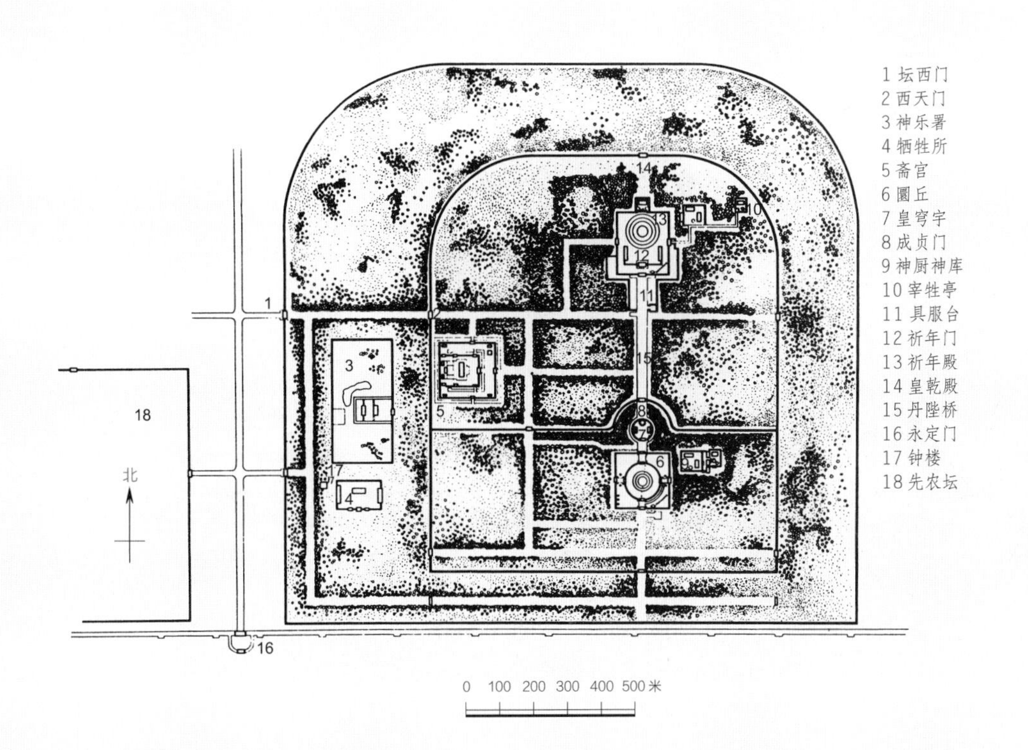

天坛斋宫

天坛鸟瞰图

天坛祈年殿

天坛皇穹宇

皇穹宇内景

皇穹宇与祈年殿之间的通道

祭祀时屠宰牲畜、制作祭祀食品和平时储存用具、服装的场所。这众多的建筑满足了皇帝祭天、祈丰年的功能要求。那么它们又是怎样体现出祭祀在精神和艺术上的要求的呢?

首先表现在建筑环境上。在占地面积达 4000 多亩的天坛内，除了这些建筑群体之外，几乎都种植了松、柏等四季长青之树，大片的绿色丛林使天坛有了一个与紫禁城完全不同的环境。紫禁城是宏伟的、有威慑感的，而天坛是肃穆的、有神圣感的。在祭祀建筑的中轴线上，在南面祭天与北面祈丰年的两组建筑之间有一条长达 300 米的人行通道，通道宽 30 米，中央由石板、两侧由灰砖铺砌。通道高出地面 4 米，两旁松柏丛林，人行通道两端由南往北，四周一片绿涛，仰望青天，仿佛步向昊昊苍天之怀，集中体现了这个祭天环境所要达到的意境。

其次，天坛应用了多种在建筑造型上的象征手法。古人看到天呈穹隆形，所以是圆的；地呈四方块，所以是方的。天圆地方组成古人对自然天体的认识。而天在上、地在下，所以，天坛外围里外两层围墙都是上呈圆形而下呈方形。在建筑形态上，圜丘是圆形的，它外围两道矮墙一圆一方；皇穹宇和祈年殿从台基、殿身与屋顶都是圆形的。

在色彩上，天空是蓝色的，所以皇穹宇、祈年殿从主殿到配殿都覆盖着蓝色琉璃瓦；圜丘本身是用白色石料砌造，它四周的矮墙顶上用的也是蓝琉璃瓦。天坛整体的色彩是在大片绿色的丛林中闪现出蓝色与白色的建筑，纯洁而肃穆。

在数字上，天坛无论在装饰上还是在房屋的构件上都广泛地应用了阳性单数中最高的数字“九”。天坛属皇家建筑，多组建筑群的大门门板上用排列着的纵九列、横九排共计 81 枚门钉作装饰。祭天的圜丘，其上下三层的台阶数皆为九级。圜丘最上面一层用九圈石料铺砌台面，中央是一块圆形石。第一圈为 9 块梯形石，第二圈为 9×2=18 块，第三圈为 9×3=27 块，直至最外面的第九圈的 81 块。三层平台的四周都设有石栏杆，最上一层四面的石栏杆，每面各有 9

圜丘台面

块栏板，四面共 36 块；第二层每面是 9×2=18 块栏板；最下一层则每面有 9×3=27 块。但是在祈年殿大殿上这种“九”的象征数字却看不到了，因为祈年殿是皇帝祈求丰年的祭祀场所，这里的象征数字应该与农业生产有关。在这座圆形大殿里有里外三层柱子，最里面为 4 根大立柱，象征着一年四季；中间 12 根柱子，象征一年 12 个月；外檐 12 根柱子，象征一天 12 个时辰；中、外两层的 24 根柱子又象征着一年 24 个节气。在中国长期农耕社会中，农业生产的丰歉与这些天时季节的确有着密不可分的关系。

这些环境气氛的构成和具有象征性的装饰与处理，有些可以使人们直接感受得到，例如绿色的树丛与蓝白两色所组成的建筑形象能够营造出一种肃穆和神圣之感。有些数字的象征意义却很隐晦，人们很难发现也不容易理解。但是所有这些都表现了古代工匠的聪明与智慧，经过他们出色的创造，给人类留下了一份建筑文化的珍宝。1998 年，天坛被联合国教科文组织列入“世界文化遗产”名录。

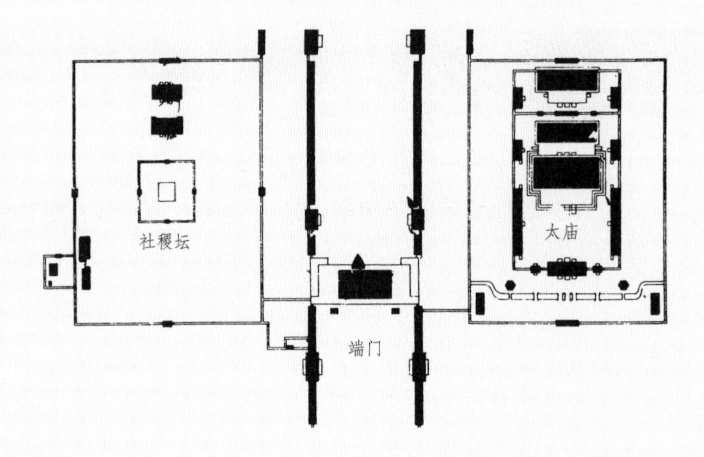

北京社稷坛、太庙平面图

北京社稷坛

在古代长期农耕社会的中国，十分重视对土地、对五谷粮食的崇敬与祭祀。但土地辽阔不能遍祭，只有封土一块敬为土地之主，称为社。五谷杂粮种类很多，也无法遍祭，只有立五谷之神，称为稷。古人对社稷进行祭祀也就是对土地与五谷的祭祀了。这种祭祀与祭天、地、日、月一样，多在露天的台上举行礼仪，因此产生了专用作祭祀的社稷坛。

北京社稷坛位于皇城之内，与紫禁城同时建造。它占地 360 余亩，由社稷坛、拜殿、戟门三座主要建筑组成中轴线。拜殿供皇帝在祭祀时避风雨与休息之用，社稷坛是举行祭祀礼仪的地方。坛为方形土台以象征地方之说，边长 15 米，高出地面约 1 米。台面上铺设五色之土，按阴阳五行之说，东为青土，南为红土，西为白土，北为黑土，黄土居中。这五色土皆由全国各地进贡而来，象征着全国的四面八方都是帝王的土地，帝王具有统一天下的威势。土坛的四面有矮墙相围，在墙上也按四个方位分别镶贴青（东方）、红（南方）、白（西方）、黑（北方）四种颜色的琉璃砖，矮墙中央分别开有石造的牌楼门。这祭坛、围墙、石门与其北面的拜殿组成一组完整的祭祀建筑群体。

上：社稷坛

下：社稷坛四周矮墙

山岳之祭

早期人类生活离不开山，山林生长草木，畜养牲畜，山林能形成云雨，润泽大地，所以人类对山林产生了情感，产生敬畏与崇敬之情，由此发展而形成了对山岳的祭祀。但全国山岳众多，不能遍祭，所以也像祭社稷以代表祭土地、五谷一样，经过历史的筛选，逐步形成了具有代表性的几座名山。远在春秋战国时期（公元前770~前221年），泰山即成为当时帝王祭祀的名山，以后按五行学说，把全国名山集中在五处，这就是山东的东岳泰山、湖南的南岳衡山、陕西的西岳华山、山西的北岳恒山和河南的中岳嵩山。它们成了众岳之首，成为历代朝廷进行祭祀的对象，因此在这五座山岳之地都建有相应的庙宇专作祭祀之用。

五岳之中，以泰山最著名，这是因为这里最早受到帝王的祭祀，自春秋战国时期开始，许多帝王都亲临祭祀。汉武帝曾前后七次亲往泰山举行隆重的仪式，使这种祭祀成为历代封建王朝一项十分重要的政治活动。泰山脚下的岱庙就是举行这种祭祀山神的场所。岱庙创建的时间应该很早，在唐代以后的各朝代均有重修和改建，现存的建筑都是元朝以后所建。岱庙建筑群规模相当大，在庙前方有一组由牌坊、山门、殿堂等组成的建筑群作为岱庙的前奏，在它的后面才是岱庙大院。主殿天贶殿位于中轴线上，大殿面阔九间，宽48.7米，采

上：山东泰安泰山

下：岱庙大殿

用重檐庑殿式屋顶，这是祭祀泰山神的场所。大殿以前有两重门，后有寝宫，大院内留存有数十座历代石碑，碑上刻有记录泰山祭祀活动及岱庙的重要史料。大院四周有高大城墙，四角还建有角楼，其气势颇像一座小王宫。

其余几处山岳的庙宇规模也都不小。河南登封的中岳庙和湖南衡山的南岳庙占地都近 10 万平方米，建筑群由多进院落组成，不少大殿都是面阔九开间，坐落在大石台基上，台基四周围有石栏杆，正面台阶的中央建有专供皇帝上下的石雕御道。尽管皇帝并不一定亲临这

上：河南登封中岳庙

下：中岳庙内的千年古柏

些地方祭祀，但它们作为朝廷专门祭祀山神的重要场所，在建筑的形制上都采用了仅次于皇宫、皇陵建筑的等级。

泰山在五岳之中尽管最著名，但论山之高不及北岳恒山，论山之险不如西岳华山，论山景、山形之美远不及安徽黄山，但由于它是历代帝王举行祭山大礼的重地，故长期以来吸引了许多名人墨客的游览，留下了大量有关文记与石刻墨迹，它们具有重要的历史与文化艺术价值，因而使泰山具有比其他各山更为丰富的人文内涵。泰山被联合国教科文组织列为“世界文化与自然遗产”名录。

祖先祭祀

在中国长期的封建社会中，宗法制度始终是封建专制的基础。宗法制度的中心内容就是用家庭的血缘关系维持世人，规定长幼尊卑的等级。在国家，皇帝将皇位和国家政权传给长子；在家庭，一家之长也将家产、族权遗交给长子；只有在特殊情况下，才能将皇权、家权交给皇帝、家长指定的其他子孙。总之，皇权、家权都是自己的祖先所赐予的，所以在皇帝世袭的制度下构成了封建社会特有的家、国不

太庙大殿

北京太庙

可分的关系，形成了从上到下重血统、敬祖先的宗法社会意识，而这种意识又被礼制转化为具体的规范，形成了古代对祖先祭祀的传统。从朝廷的祖庙到民间的祠堂都是祭祖先的特定场所，它们都是古代宗法社会的物化实体。

北京太庙

祖庙是皇帝祭祀祖先的场所，所以它和皇帝祭天地日月、祭社稷的场所具有同样重要的意义，同样被安置在都城的中心位置。在礼制关于都城的规划中就明确规定“前朝后市，左祖右社”，祭祖先的祖庙和祭土地、五谷的社稷坛应该分别位于皇宫的左右。在元朝大都和明代北京城的规划中就是这样布局的。中国历代皇帝祭祖先的祖庙如今完整地留存下来的只有明、清两朝在北京的这座太庙了。

北京太庙位于皇城内天安门与端门的东侧，紫禁城的前方。有里外两层围墙，在第一道墙之外种植有大片柏树，形成太庙内十分肃穆的环境。祭祀建筑位于第二道围墙之内，有正殿、寝宫、祧庙三座殿堂，前后排列在中轴线上。其中正殿是皇帝举行祭祀礼仪的地方；寝宫为供奉祖先牌位之处；祧庙为供奉皇帝远祖神位之处。清朝入关进北京城之前，在东北没有称皇帝之前的几位君主都被追封为先皇，他们的神位就供在祧庙里。每年皇帝在岁末祭祖时，将寝宫中供奉的祖先牌位移到正殿，举行隆重的仪式。正殿原面阔九间，其等级处于太和殿之下，但屋顶用重檐庑殿顶，大殿下面也有三层台基，这些都属最高等级。清朝把正殿改建为 11 开间，与太和殿的面阔间数相同，提高了太庙的地位，但这三层台基远没有太和殿下面的三层台基高大；大殿前的庭院也远不及太和殿前的广场大，所以它的整体环境、气势自然也没有太和殿那样宏伟。

太庙内的柏树林

民间祠堂

祠堂是平民百姓祭祖先的场所。按古代礼制，只有皇帝及各级官吏能设庙祭祖，而普通平民只能在自己家里祭祀祖先，直到明朝才允许平民建宗祠以祭祖，百姓才有了专门祭祖的场所，称为祠堂。清朝民间祠堂大量出现，尤其在以血缘关系聚合的农村，更普遍地建造祠堂，有的在一个村落里建有多座祠堂。

祠堂功能

祠堂的首要功能当然是祭祀祖先，通过祭祖达到敬祖宗、聚合家族的目的。作为一个家族，为了维护家族整体的利益，增加家族的凝聚力，除了通过祭祖的精神作用之外，还必须有相应的族规、族法，它们的内容都是根据封建社会的礼制与道德规范提出在思想与行动上的是非准则。例如，有的家族制定有宗族禁止的十条：禁止抗欠应交或应归还的钱粮，禁止毁坏或废弃墓田，禁止违抗父兄，禁止冒犯尊长，禁止违反礼法私立继承人，禁止凶骂斗殴，禁止私留盗匪，禁止赌博，禁止奸淫，禁止言行不端正。有的家族明确规定处罚的条例：礼制规定兄弟有高低序列之分，如弟对兄不恭顺，则责打弟 30 板，兄欺凌弟，则责打兄 10 板；侵吞族内的钱财、粮食或器物者，除追赔外，情节轻的要处罚，重的要责打；纵容媳妇对公婆不孝，对妯娌不和的，重的要责打；等等。这些族规族法都记录在族谱里，有的还刻写在石碑上，竖立在祠堂内，以明示族人共同遵守。执法人当然是族长，而执法地点就在祠堂，有的族法明确规定犯了某种族法，责打40大板之后还要关进祠堂内一个月。从这些禁令和处罚条例中可以清楚地看到，宗族的作用已经超出了敬祖、聚族，它实际上管理着广大百姓的言行，成了乡里的基层政治机构，甚至连村里建设等公共事务、村民的婚丧、民俗活动都通过宗族进行。如果说宗族是封建宗法制度最基层的组织，那么祠堂就成了维护这种宗法制度最基层的法庭和政治机构。

一个宗族都有一个族谱，族谱记录着这个宗族世代族人的姓名和他们相互之间的世系关系，记录着其中有成就、有名望的族人事迹，族谱收编有本乡本村历年有关生产、建设、民俗等方面的大事。所以族谱是一部世族的历史，为了家族的延续，需要定期续写这部历史。像这种关系到家族历史的大事都要由族长在祠堂召开会议，做出决定，并选定续写族谱的撰稿人，举行专门仪式，宣布续写宗谱的开始。

一个宗族还需要兴办学校培养后代，需要设置属于全族的田产，将田租收入用作教育和其他全族的公益事业。这些事项的管理机构也设在祠堂，学校也设在祠堂附近，有的就设在祠堂里。广东广州有一座全省陈姓的家族总祠堂，这个家族专供族人读书的学校也设在祠堂内，所以这座祠堂也称为陈氏书院。在广大农村，祠堂往往成了一乡一村的政治中心，它们多处于村口或村中心的重要位置上。

祠堂形态

祠堂虽然具有多种功能，但是其中的祭祖是最主要的，所以祠堂的房屋首先要按祭祖的需要而布置。它们的形式和常见的住宅和宫殿一样也是采用四合院，把主要的大门和厅堂建在中轴线上，两侧配以厢房，围合成院，按祠堂的大小而决定前后院落的多少。

浙江兰溪市诸葛村是三国时期蜀汉丞相诸葛亮后代的一座血缘村

丞相祠堂祭祖

浙江兰溪诸葛村丞相祠堂

丞相祠堂梁上木雕

何氏宗祠戏台

戏台屋顶图

落，村中的丞相祠堂是诸葛氏族的总祠堂，里面供奉着氏族始祖诸葛亮的神位。祠堂前有门屋，中有中庭，后有寝室，两侧有延续的厢房与三座厅堂围合成前后两重院落，在寝室两旁还建有钟、鼓楼各一座。每年清明和冬至时节，族人都要在这里祭祀他们的始祖诸葛亮。祭祀时，在供神位的寝室里设香案，同时在中庭中央也设香案，案前放祭品台，台上供奉着猪、牛、羊、鸡、鱼和米饭、馒头、茶、酒、纸花等供品。主祭人都是由族内推举文化高、有威望的长辈担任，他们随着规定的仪式，在鼓乐声中反复多次向神主跪拜、祭酒、上食，仪式十分隆重。礼仪之后，还要向村里年长的老人分赠糕点等食品以示尊老敬祖。

浙江武义县郭洞村是一座何姓的血缘村落，村中也有一座家族总祠堂何氏宗祠。这座宗祠也是由大门、中厅与后面的寝室与左右厢房组成前后两重院落，中厅为祭厅，寝室供着何氏宗族历代祖先的牌位。在每年春、秋两次祭祖时，将中厅与寝室之间的隔扇门打开，使前后连成一片。寝室的先祖牌位前设供桌，桌上摆放着烛台、猪、羊、酒、糕点等供品。参加祭祀的还必须是有相当文化的族人。祭祀时由主祭人带领众族人向先祖跪拜、献酒、上食、燃烧纸钱，礼毕后，众族人还要在祠堂里聚餐庆祝。从以上两座祠堂可以看到，祠堂的建筑除了中轴线上的厅堂供祭祖之外，其余的厢房等附属房屋可供宗族议事等其他活动所用。广州的陈家祠堂因为兼作学校，所以面积比一般祠堂大，房屋除前后二进外，还有左右三路，共有厅堂、厢房等 18 座，围合成六个院落，占地达 13200 平方米。我们看到，郭洞村祠堂与诸葛村丞相祠堂不同的是，在大门与中厅之间多了一座戏台，这是供村里族人在祠堂看戏用的。祭祖的祠堂为什么会出现戏台？这是因为祠堂的祭祖、议事、排解族人纠纷等活动，不但内容严肃，而且参加的人数有限，为了让更多的族人受到教化，更大地发挥祠堂的作用，不少地区除了在祭祖时举行聚餐、发放糕点等纪念品，可以让更多的族人参加之外，还将祭祖与新春等节日的群众喜庆活动相结合。每逢祭祖，同时还在祠堂里举行猜灯谜、发糖饼，并专门请戏班子来唱戏，除不肖子孙之外，从老到幼都参加，使广大村民不但受到教化，同时还得到娱乐，增加族人、村民之间的交往，更大地达到了敬祖、聚族的目的。所以在浙江、江西、山西各省的许多农村祠堂里都能看到这种戏台。

祠堂装饰

祠堂既然成为一个家族的中心与象征，它除了物质功能之外，必然也要求在形象上能够显示出氏族的荣华与富贵，这就使在同一个村落中的祠堂建筑多比住宅、商店等建筑更显得讲究，富有更多的装饰。郭洞村的何氏宗祠规模比村里任何一幢住宅都大，其中戏台的屋顶上有装饰着鱼和空花的屋脊，屋檐下有木雕的牛腿，天花板上满绘彩色花纹，使戏台不但在演出时成为最热闹的场所，而且在平时也成为祠堂里最华丽的中心。

诸葛村除丞相祠堂之外，还有十多座宗族各世系的分祠堂，这些

左：浙江武义县郭洞村何氏宗祠

右：广东广州陈家祠堂

祠堂除了规模比住宅大之外，祠堂大门多用砖雕的牌楼式门脸作为装饰。丞相祠堂的中庭为面阔五间的厅堂，它周边一圈 16 根檐柱都是用整根石料做成的石柱，柱子上面的梁枋及檐下的斗拱、牛腿皆为木结构，在这些木构件上几乎布满了木雕装饰。中庭中央的四根木柱特别用柏木、梓木、桐木、椿木四种不同的木料分别做成，取它们的谐音“百子同春”，以象征家族的繁荣与吉祥。

广州陈家祠堂素以装饰而著名。它的装饰不但分布广，而且装饰门类也多。站在祠堂的大门外，就可以看到黑漆大门上的两幅彩色门神和大门两旁的石雕门枕石；两侧墙上并列着几块大面积的砖雕。进入祠堂的大门，室内从梁架到门窗、柱础，室外从屋顶的屋脊、山墙到台基的栏杆、柱子、台阶，可以说从上到下都有不同的装饰。在这座祠堂里除了常见的木雕、石雕和砖雕之外，还广泛地应用了灰塑、陶塑、玻璃刻花、铜铁铸件等。木雕集中在厅堂的梁架和门窗上。石雕除用在石栏杆、台阶和柱础这些部位外，还用在厅堂的石柱和石梁上。石柱上的装饰既有对方柱的四角作简洁的线

脚处理，也有将柱子表面雕刻成动物、植物花纹的。这里的石柱础造型有别于其他地区的柱础，柱础的作用一是隔绝土地中的湿气侵蚀木柱；二是将立柱所承受的房屋重量均匀地传递到地面，所以柱础的直径都比柱子大。但是在陈家祠堂，柱础的直径有的部分比柱子小，看上去缺乏稳定性却有轻盈灵巧之感。祠堂的砖雕分布很广，除砖墙檐口、山墙两端外，在砖墙上还设有专门的雕刻画面。在祠

左：（上）陈家祠堂石栏杆

（下）陈家祠堂门枕石

右：（上）用金属构件装饰的栏杆

（下）陈家祠堂石柱础

上：陈家祠堂门上的木雕装饰

下：陈家祠堂墙上的大型砖雕

堂大门两侧厅堂的外墙上各有三幅大型砖雕作品，其中一幅雕的是《水浒传》中梁山泊英雄好汉会集于聚义厅的场面，共有 30 多个人物分布于厅堂楼阁中，这些人物的姿态、衣着，甚至面部神态都不雷同。厅堂的屋顶、栏杆都刻画清晰，连同砖雕四周的装饰纹样，雕功之细令人叫绝。

广东石湾自古以来盛产陶器，在陶器外表涂以釉彩，可以烧制出

左：陈家祠堂的屋脊装饰

右：陈家祠堂刻花玻璃窗

不同色彩的构件，广东、香港、澳门地区多用此类陶器塑造不同形态的装饰，并且将它们应用在屋顶上，组成彩色的陶塑屋脊。在陈家祠堂前后厅堂的 11 条屋顶正脊上，全部用这种陶塑装饰，各种色彩的人物、动物组成了祠堂屋顶上的条条彩带，具有很强的装饰效果。在玻璃上刻花是广东、福建两省的民间传统工艺，在陈家祠堂也得到应用。许多厅堂和厢房的窗上都安装着这种玻璃。蓝色的玻璃，白色的刻画，刻出不同的植物花卉，清新悦目，很适合陈氏子弟在这些厢房中读书学习。陈家祠堂这种从里到外、从上到下都布满各种装饰的做法，尽管看起来有些烦琐与缛重，但它的确表现了陈氏家族那种求家族繁荣、求子孙富贵的理念与祈求。

综观各地祠堂装饰的内容，可以说相当广泛。这里有龙与凤组成的“龙凤呈祥”；有龙与鱼组成的象征着久炼成仙、一步登天的“鲤鱼跳龙门”；有用仙鹤、鹿、蝙蝠、莲荷、牡丹、石榴、寿纹、钱纹、万字纹（卍）等表现长命百岁、多子多福、吉祥如意等内容的纹饰；也有表现文人书生志趣的琴、棋、书、画；还有用人物、动物、植物等组合表现传统神话、故事的成幅画面。一个比较大的民族，在历史的长河中，总会有中科举的仕子、做买卖的商人，既有本乡本土的地主，又有从事劳动的广大族人，所以在一个共同的祠堂中要表现出民族整体的理念与志趣，其装饰内容必然是多方面的。当然，在某些地区或者某一座祠堂中也会带有自身特点的装饰。例如诸葛村丞相祠堂寝室，它是专门供奉诸葛亮神位的厅堂，寝室牛腿上没有像中庭牛腿上那样的人物和动物，而是在回纹中填以博古架，架上陈列着花卉、山石等小盆景，构图简洁，从内容到形式都显得高雅，它与先祖诸葛亮一生的志趣十分贴合。再如，广州在历史上是重要的通商口岸，商业比内地发展早，这一方面使当地人见多识广，但另一方面商业的功利主义也必然影响他们的思想与志趣。所以在陈家祠堂的正厅屋脊上会出现一条热闹的街市，有陶塑制成的各式商铺，仕官、商贾、百姓

上：祠堂屋脊上的建筑、人物装饰

下：祠堂屋脊上的双龙装饰

祠堂上的木雕文字、花卉装饰

祠堂上的石雕花草纹装饰

祠堂上的木雕花草纹装饰

祠堂上的木雕花卉装饰

祠堂木墩上的木雕装饰（一）

祠堂木墩上的木雕装饰（二）

穿插其间，表现出商业街道的繁华气氛。在各部位的装饰中也频频出现象征钱财的纹样。

如果以各地祠堂装饰的总体与宫殿建筑装饰相比，当然前者远不如后者那样讲究、精致和完美，但就装饰的形态和装饰的内容而言，则前者比后者更为多样而丰富。因为在宫殿上所能应用的装饰内容，在地方祠堂上都可以采用，包括象征皇帝的龙，朝廷明令禁止在民间非宫殿建筑上采用，但是龙在民间早已成为一种民族共同的图腾，朝廷的禁令到民间得不到遵行，所以祠堂上照样出现龙的纹样。反过来，祠堂上常采用的一些民间装饰题材与纹样，如陈家祠堂装饰里表现广州楼阁、云天的“羊城八景”，农村祠堂雕刻中的鸡、鸭、猪、兔和地方出产的瓜果、蔬菜，这些在宫殿装饰中当然是看不到的。

祭祀天、地、日、月的露天祭坛和祭祀祖先、山神的庙，合称为坛庙建筑。因为这些祭祀都是古代礼制中规定的重要礼仪，所以这类坛庙建筑又称为礼制建筑，它们在中国传统建筑中占有重要地位。

左：浙江诸葛村丞相祠堂牛腿上的博古装饰（一）

右：浙江诸葛村丞相祠堂牛腿上的博古装饰（二）

浙江农村祠堂上的猪、兔、牛装饰

第四章 陵　墓

CHAPTER FOUR

在古人对客观世界还缺乏科学认识的情况下，认为世界万物皆有灵，灵是能够脱离客观实体的一种存在，实体可以消失，但它的灵却万古长存。人也一样，人的死只是人体的消亡，但人的灵魂却永远不会消失，只是离开了现实世界而去往另一个世界，这个世界称为“阴间”。因此为了在阴间生活得比现实世界更好，必须为死人穿戴好的衣服与好的装饰物，带走一切好的用品，甚至相应的仆人，一起住到讲究的建筑里去，并且将这种建筑称为“阴宅”，即人们在阴间的住宅。这就是中国古代厚葬制的社会原因。

推行这种厚葬制的自然是拥有人间一切权势的帝王，所以历代皇帝都十分注重陵墓的建造，许多皇帝一登位，除了首先营造他的宫殿外，同时也开始建造他死后的陵墓，这生前与死后的宫殿在朝廷的建设中始终占最重要的地位。

秦汉陵墓

公元前221年，秦始皇统一全国，成为中国历史上第一位统一王朝的皇帝，他在都城咸阳大建宫室，同时也开始了对自己陵墓的建造，一直建到他去世。庞大宏伟的地上宫殿早在秦朝灭亡时就被烧毁了，但深埋的秦始皇陵却一直保存在地下。过去只能从文献上知道在地下的墓室很讲究，建筑的墙上有雕刻，天花板与地板上分别有日月星辰和江河湖海的印记，而且还在江河中注满水银；墓室内放满了珍

秦始皇陵兵马俑

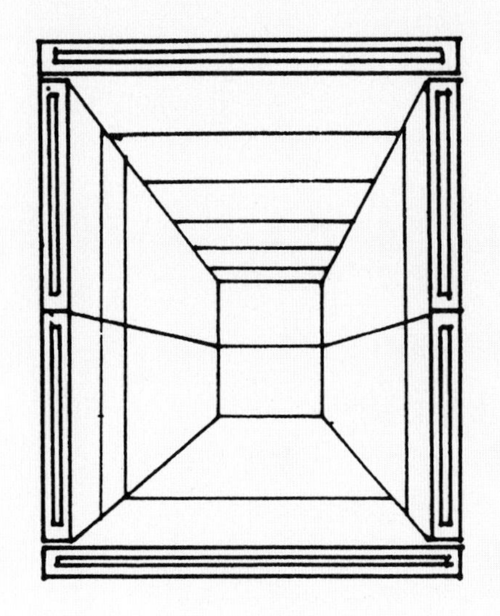

汉墓结构图

珠宝石；为了防止对墓室的破坏，还在门上安了弓箭。近年经过考古学家科学探测，证明地下墓室中确有水银，除此之外，人们能看见的只是地面上用土堆起的方锥形的陵体。但是自从发现并挖掘出了兵马俑后，人们对秦始皇陵的认识比以前更具体了。兵马俑是用泥土烧制成的兵士与战马，它们是这座皇陵的守陵卫队，现在发掘出来的有陶俑上千件、陶马上百匹、战车几十辆，这些陶俑分作弓卒、步兵、骑兵、战车兵，许多陶俑还手握兵器。这批陶俑位于陵体的东面约 1000 米处，可以推测，这样的守陵兵马会是一支规模很大的队伍，目前，还在继续挖掘。地下墓室还没有发掘，它的真实面貌还不得而知，但我们从兵马俑的庞大阵势和制造技术上，从地下发掘出来的秦朝前后时期一些铜器、玉器的精湛工艺上，有理由相信这座动用了 70 万人力兴建的帝王陵墓在规模之大、技艺之高上都是史无前例的。

汉朝的帝王陵墓沿承了秦朝陵墓的制度，墓室深埋地下，在地面上堆起高高的陵体，并建有殿堂供祭祀之用。如今散布在陕西咸阳地区的多座汉朝王陵都是这样的形式。

汉朝王陵至今没有正式发掘，但是考古学家在各地发掘过相当数

汉画像砖、画像石上的装饰：人物与动物

量的大小汉墓。从这些汉墓中可以看到，它们在地下的墓室用的是砖、石结构，平面呈长方形，墓室地面、顶部和四壁都用长条形的石料或者空心砖筑造。这些石料和砖长约 1.50 米，宽 0.6 ~ 0.8 米，厚 0.2 ~ 0.3 米，用它们一块接着一块搭连在四壁和顶部，在石料和砖朝向墓室的一面雕刻着各种花纹，所以称为画像石和画像砖。这些花纹的内容有人物和马、老虎、朱雀、飞禽等动物的形象，又有由人物、动物、建筑组合表现人们劳动、生活和游乐的场景，如墓主人打猎、出行、宴乐，农民播种、收获、煮盐以及一些神话故事的情节。这些纹饰都细细地线刻在石料和砖的表面，形象清晰，生动地表现了

四川雅安汉代高颐阙图

当时的社会生活与环境。由于这样的砖、石板材在制作工艺上费事，尺寸也不能太大，因而影响墓室的大小，所以逐渐被砖的拱券结构所代替，用小型砖造四壁，顶部用弧形的券顶，其宽度可以大大超过一块大砖材和石料的尺寸。墓室的装饰是在砖石表面上抹一层白灰，在灰面上做彩绘，这种装饰从形象到色彩都比过去丰富。

汉墓的地上建筑大多被毁，只有少数墓前留下了几座石阙，石阙形象有如一块石碑，阙上盖有房屋的屋顶，它们位于陵墓的前方，左右各一，成为陵墓入口的标志。在陕西咸阳有一座霍去病墓，霍去病为西汉名将，曾六次率兵出击匈奴，为汉朝累立战功，年仅 23 岁就战死沙场，汉武帝为记其战功，特在皇陵附近建墓厚葬，在他的墓前至今还留有系列石雕，其中有战马、卧牛、卧象、伏虎、石鱼等雕刻。这批石雕，造型简练，形象生动，表现了我国早期雕刻艺术的高

左：（上）霍去病墓前石兽（一）
（下）霍去病墓前石兽（二）
右：陕西咸阳汉代霍去病墓

超水平。

在一些比较讲究的汉墓地下墓室中除墓主人的棺木之外还有相当多的随葬品，其中有铜镜、漆器、陶器等日常用品；也有玉石和金银制作的装饰品；还有男女陶俑和陶土烧制的房屋模型，它们的造型奇巧，有的色彩鲜艳、纹饰流畅，有的做工极细，它们不但反映了当时人们的生活，同时也是我国古代优秀传统艺术的实物见证。

从这些汉墓地上、地下的形态和现存的遗物中可以看到汉代陵墓的形制：陵墓由地上的神道、建筑和地下的墓室组成。神道前有一对石阙作为墓门；神道左右分列着人物、动物的石雕像；神道后为地面陵寝建筑；最后是埋于地下的墓室，墓室中有主人棺木和相应的随葬品。可以说古代陵墓的基本形态在汉朝已经发展得完备了。

唐宋陵墓

唐朝是中国古代封建社会中期的强盛王国，它建设了规划严整的都城长安，建造了气势宏伟的宫殿，同时也筑造了庞大的皇陵。只可惜古长安已毁，古唐宫无存，现在能看到的只有几座皇陵了。唐朝的皇陵仍延续了汉以来的陵墓形制，墓前有神道，两侧列置石人、石兽的雕像，陵区有地上的殿堂，只是这些神道、雕像、殿堂比以前的更长、更多、更大。唐皇陵与秦汉时期的陵墓最大不同点是在陵体与墓室的选择和做法上，秦、汉陵墓是把墓室深埋地下，地上用人工堆起锥形土堆为陵体，而唐皇陵却选自然山体作为陵体，墓室筑在山石之下，所以在陵墓整体形象上比过去的更显气魄与博大，其中以唐乾陵最为典型。

唐乾陵位于陕西乾县，它是唐高宗和武则天合葬墓，他们分别于公元684年和公元706年葬入墓中。乾陵选择了乾县境内的梁山，梁山有三座山峰，其中北峰最高，南面两峰较低，

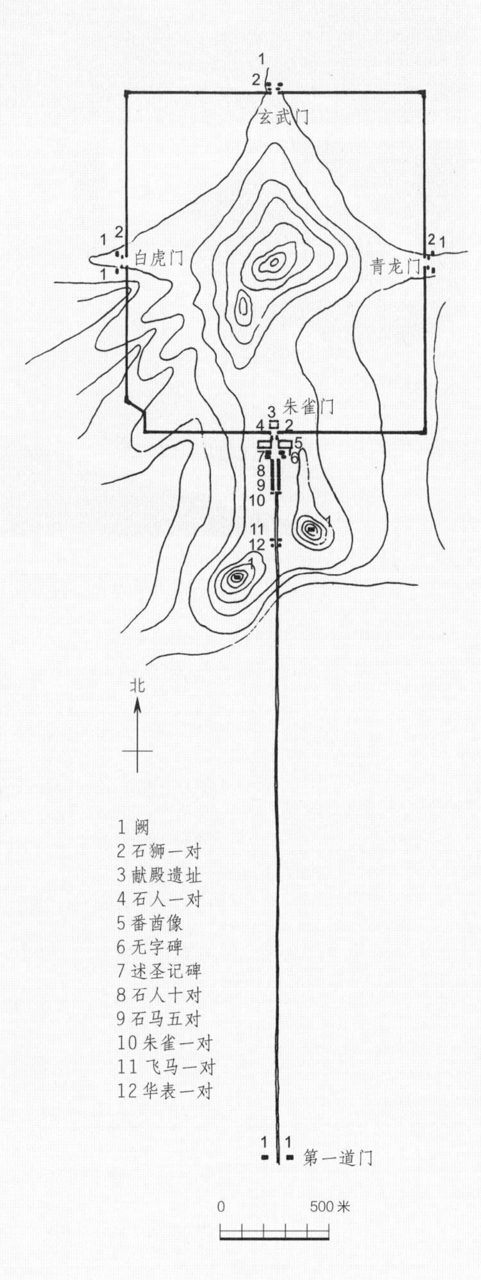

陕西乾县唐乾陵平面图

上：（左）河南巩县宋陵
（右）乾陵神道及南面双峰
下：乾陵神道及北峰

分列于北峰之南的东西两侧，形同人乳，所以又称“乳头山”。乾陵即用北山作为陵体，开山石辟隧道，将墓室放在山石之下，称为地宫。在北峰四周筑方形陵墙，四面各开一门，四角建有角楼，在南大门之内建有祭祀用的殿堂。南门以南两侧乳峰之间布置为陵墓神道，神道两侧自南往北排列着华表、飞马、朱雀各一对，石马五对，石人十对，石碑一对。在神道南端的乳峰之上各建有楼阁左右相对作为阙门。为了增添皇陵气势，更把神道往南延伸，在距离乳峰 3 公里处又设了一道阙门。所以，从这第一道阙门往北直抵北峰下地宫共长 4 公里多，其气势自然比用人工堆筑的土丘陵体要宏伟得多。乾陵地宫至今尚未发掘，地上祭祀用殿堂已被毁坏无存，但从它所选的山体环境和留下的这一条神道，就使人们能够体味到唐朝盛期的那种恢宏博大的气势。

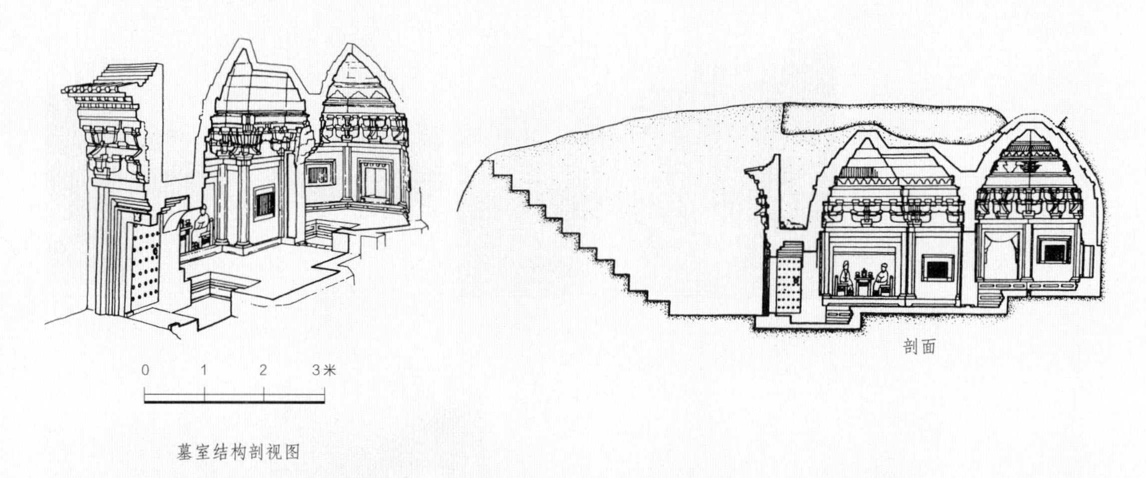

墓室结构剖视图

河南禹县宋代白沙墓

宋朝皇陵制度与前代不同，朝廷规定每朝皇帝死后才能开始建陵，而且必须在7个月之内建完并安葬。所以在陵墓形制上尽管还是神道、石人石兽、陵体、地宫的传统规划，但在规模与气势上远不如唐朝皇陵。但是，北宋8座皇陵全部建在离都城汴梁（今开封）不远的巩县（今巩义市），它开创了一个皇朝皇陵集中在一起的先例，对后世皇陵建设产生很大影响。

宋朝由于手工业与商业的发展，使城乡一批商人与地主的财富增加，他们不但建造讲究的生前住宅，同时也筑造死后的坟墓。考古学家历年发掘了不少这类坟墓，其中比较典型的河南禹县（今禹州）白沙一号墓，建于北宋元符二年（1099年），墓室分前后二室，前为方形，后为六角形，全部由砖筑造，但是完全仿照木结构的形式，墙上有立柱和梁枋，梁枋上排列着斗拱，斗拱之上用层层砖挑出筑成拱形的墓顶。在前后墓室的四壁及屋顶的所有构件表面上都有彩色画作装饰，在前室的一侧墙面上还绘有夫妇二人对坐宴饮的场面，生动地反映了墓主人生前的生活情景。

另一处是山西临汾侯马的董姓地主墓，建于金朝（1115～1234年），墓室呈方形，边长仅2.2米，全部用砖筑造。在这座很小的墓室中，四壁都用砖雕表现建筑构件，从下面的基座，并列的门窗到垂柱花罩，顶上有斗拱支撑出八角形的屋顶，而且在所有这些部件上都

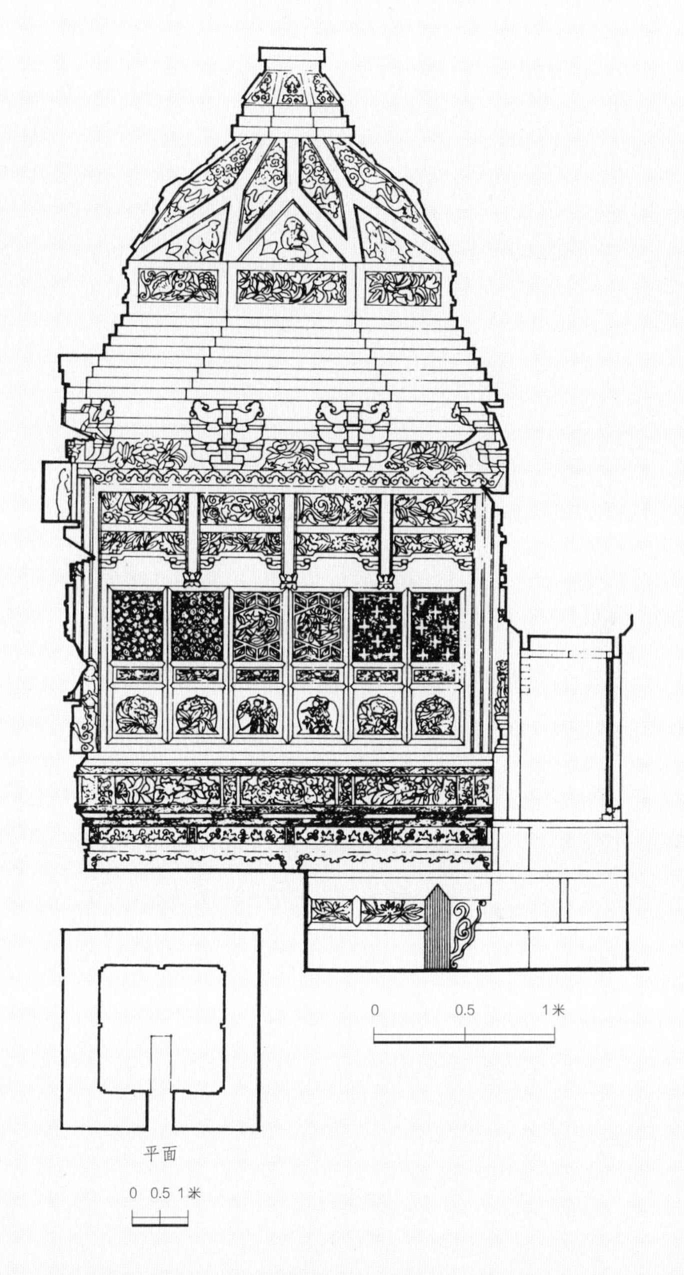

山西侯马金代董姓墓

布满了起伏的砖雕，或表现出墓主人、仆人、武士、乐伎等各种人物的动态，或是植物花卉、几何形体的图案装饰。以上这两座民间的墓规模都不大，但在墓内，通过彩绘或者砖雕却表现出墓主人生前的居住环境和生活场景，从这些五彩的绘画和精致的雕刻中可以看到宋朝由于社会生活的发展，影响到建筑风格由唐朝的宏大、雄伟转向细腻、繁华的变化。

明十三陵

明成祖朱棣登上皇位后，将都城由南京迁到北京，与此同时，他命令下臣四处寻找修建适合自己陵墓的地方。中国古人从自身的生活经验中认识了人类生存离不开山水和土地，并且学会了选择这种适宜生存的环境。背山面水，三面环山，一面临水，这些都是古人从实践中总结出的理想生活环境模式，这种经验经过历史沉积形成了中国的风水学说。在中国古代，这种风水学几乎成了选择与决定一切房屋建造地点的指导。历代的帝王宫殿由于多建在都城里，在寻求理想的山水环境上受到很大的局限，明朝修建紫禁城也只能用人工开河与堆山来制造出背山面水的风水形势。但是帝王陵墓多

古代风水示意图

建在城外，可以充分地在大自然的山水环境中去挑选出一块风水宝地。

明皇陵的位置选择在北京昌平区以北的天寿山南麓。中国古代风水学选村址，宅基讲究山、水环境，尤其是山，将山称为龙，风水中讲的觅龙就是寻找山。寻山首先看山脉的出处，古人认为那里是祖先居住的最高处，由远而近并找到近处的山。寻山还要看山的形势，凡群峰起伏、山势奔驰为好山，只有这种山适宜做村宅的靠山，即背靠大山。除背靠大山之外，左右也需有小山相护，这样组成三面环抱的形势，能够遮挡住外来恶风，形成小环境的良好气候。另外，在这种三面环山、前方开阔的远处，最好还有远山相对，风水学认为，这样的环境能够藏风聚气，适宜于人类的生存。所以凡活人住的住宅称阳宅，死人的坟墓称阴宅，都应该选择建造在这藏风聚气的环境里，也就是在三面环山的山脚之下的平地上。

北京明十三陵平面图

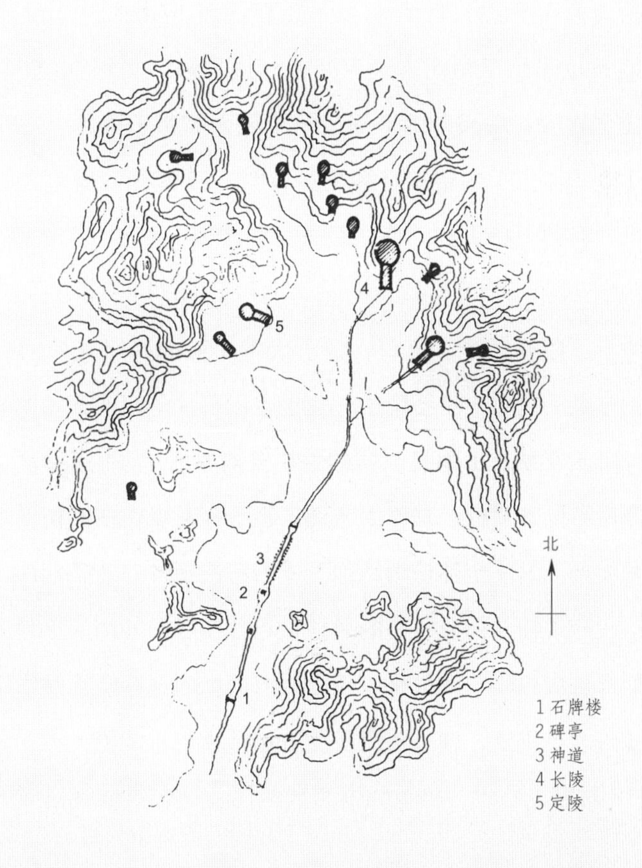

除山之外还需要有水，水流最好是从左右山间流出汇合成溪流横穿村前与宅前。风水学认为，这种适宜人类生存之气遇风则散，遇水则止，所以小水夹峙左右，大水横列在前，再加上三面环山相拥，这才是藏风聚气的真正风水宝地，吉祥之地。

明陵所选择的正是这样一块风水吉祥之地。天寿山山脉自西北蜿蜒而来，它是燕山一支脉，而燕山又是昆仑山、太行山的支脉。昆仑山为中国名山，古人视之为众山之祖，自昆仑祖山蜿蜒而来的天寿山当然更具神圣意义。而天寿山本身又是群峰突起，山势如行龙，连绵数十里，自西而北而东折向东南，呈三面环抱、南面开阔之势，在昌平城区之北又有少量山峰迎面而立。就在这三面环抱的天寿山下有一片平坦之地，在这里安置众多的皇陵不但使诸座陵墓都可以寻找到背后的山峰，而且自天寿山流下的诸条山溪河道，使陵前有水流通过，如今有 8 座皇陵的前面都有河道横向而过，形成了背山面水的地势环境。从 15 世纪初开始建陵至 17 世纪中叶，自明成祖朱棣的长陵开始至明朝末代皇帝崇祯的思陵，先后 13 位明代帝王都在这里建陵，使天寿山下形成一个庞大的帝王陵区。它比宋朝在巩县（今巩义市）的诸皇帝陵更加集中，13 座皇陵既各自独立，又有一个共同的入口序列，使它们共同组成一个更有气势的皇陵整体，现称明十三陵。

明十三陵有一个总入口，位于天寿山南面两座对峙的小山包之间。入口最前方为一座石牌楼，六根方形石柱子组成五间的牌楼，柱子之间架着梁枋，上面有成排的斗拱支撑着大小 11 座屋顶，下面有六座基座承托着立柱，基座上布满了狮子等石雕，在梁枋上也有石刻的彩画纹饰。这座全部仿木结构形式的石造牌楼，造型端庄，具有明显的明代建筑简洁而有气势的风格，屹立在四周开阔的平地上，遥对着北面天寿山主峰，成为整座陵区的大门。进石牌楼，经大红门、碑亭，步入陵区神道，神道两侧罗列着包括文臣、武将、马、象、骆驼等共 18 对石人石兽，神道北端为棂星门，这些组成整座陵区的入口

左：明十三陵石牌楼

右：明十三陵碑亭及华表

序列，自石牌楼至棂星门全长 2.8 公里。过棂星门，见到的是天寿山下的一片河滩平地，有一条主道直通长陵，又有若干条支道分别通向其他的 12 座皇陵。

长陵是明永乐帝朱棣之陵，在 13 座皇陵中，它建造最早，规模最大，所占位置也最为重要。长陵背靠天寿山主峰，陵墓东有蟒山、西有虎峪左右相护，向南望去，远处有昌平区以北的宝石山相对。陵墓两侧有山中流出的溪流，至陵前汇合成河横列于陵前，所以这里是山水环境最符合风水学的最佳宝地。陵墓由大门、祾恩门、祾恩殿、方城明楼、宝城宝顶等建筑组成，它们由南至北排列在中轴线上，前后组成三个院落。其中最主要的是祾恩殿与宝顶，前者为祭祀先皇的大殿，后者是先皇的墓室。

祾恩殿在长陵中的地位相当于紫禁城的太和殿。它面阔 9 开间，虽比不上太和殿的 11 开间，但面宽达 66.75 米，超过太和殿 6 米，大殿屋顶也是等级最高的重檐庑殿顶。大殿也是坐落在三层四周有栏杆的石台基上。大殿立柱、梁枋、斗拱全部用高贵的楠木制作，其中

明长陵祾恩殿

最大木柱的直径达 1.17 米。尽管祾恩殿在屋顶、台基上用的是最高等级，用料也很讲究，但它毕竟是皇帝死后的宫殿，所以四周没有配殿，台基并不高大，台前也没有那么大的广场，在总体环境上，远不及太和殿那么宏伟与有气魄。这座明永乐帝死后的宫殿和他生前所建所用的太和殿成为目前古都北京城内留下来最大的两座建筑。在宝顶、方城明楼之前的中轴线上还有大红门、两柱牌楼门和石供桌几座小建筑。从陵墓建筑群体看，祾恩门与祾恩殿为前朝部分，大红门之内为后殿部分，所以在陵墓建筑上，它也和宫殿一样保持着前朝后寝，或称外朝内寝的传统形式。

长陵的地宫至今没有发掘，1956 年我国考古人员发掘了另一座陵墓定陵的地宫。定陵是明万历皇帝的陵墓，万历皇帝是明朝身居皇位时间最长的一位，共计在位 48 年，他亲自到天寿山下选定墓地，经 6 年建成。据史料记载，当定陵建成之后，万历皇帝亲临现场，当他见到陵墓地上有巍巍的殿堂，地下宫室全部用石料精心建造，坚固密实，欣喜之下，竟然下令在地宫里设宴，与群臣饮酒庆贺，这在中国历史上也是极为少见的事。如今定陵地宫经过发掘已经展现在人们面前：地宫由前殿、中殿与后殿组成，中殿左右还各有一间配殿，全部用石料筑造，总面积 1195 平方米。中殿陈设有万历皇帝与两位皇后的宝座，宝座之前有石造的五件供器和燃点长明灯的大油缸。后殿

明长陵平面图

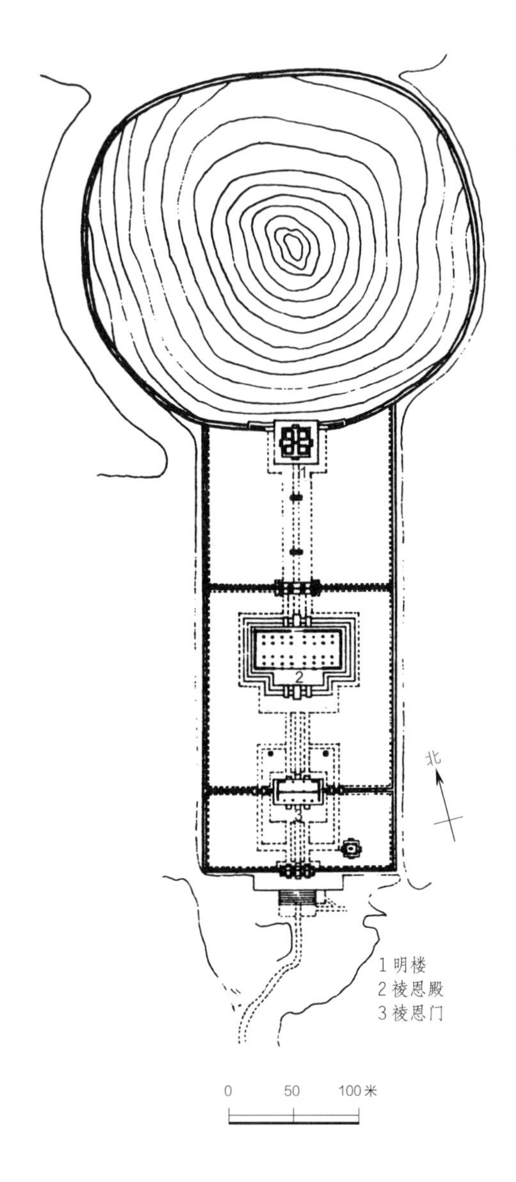

祾恩殿楠木结构

为地宫正殿，殿前横列着石造棺床，床上放置皇帝与两位皇后的棺木以及盛满殉葬品的木箱。

这些殉葬品包括皇帝、皇后的衣帽、枕被、首饰、盆、碗等生活用品和用作丧葬礼仪的各类法物，共清点出3000余件。其中不少应该属于当时的精品，例如两位皇后的四顶凤冠，它们分别是十二龙九凤冠、九龙九凤冠、六龙三凤冠和三龙三凤冠，可以说每一顶凤冠都是做工精美，造型奇巧，冠上都装饰有大量宝石与珍珠。其中的六龙三凤冠上嵌有红、蓝二色宝石128块，装饰有珍珠5400余颗。再例如皇后的百子衣，在衣面绣出百位幼年童子，有的在练武、摔跤，有的在踢毽子、放风筝、放爆竹、捉迷藏，有的在采摘树上的水果和做各种游戏，共组成40余组画面，生动地表现出童子天真活泼的神态。

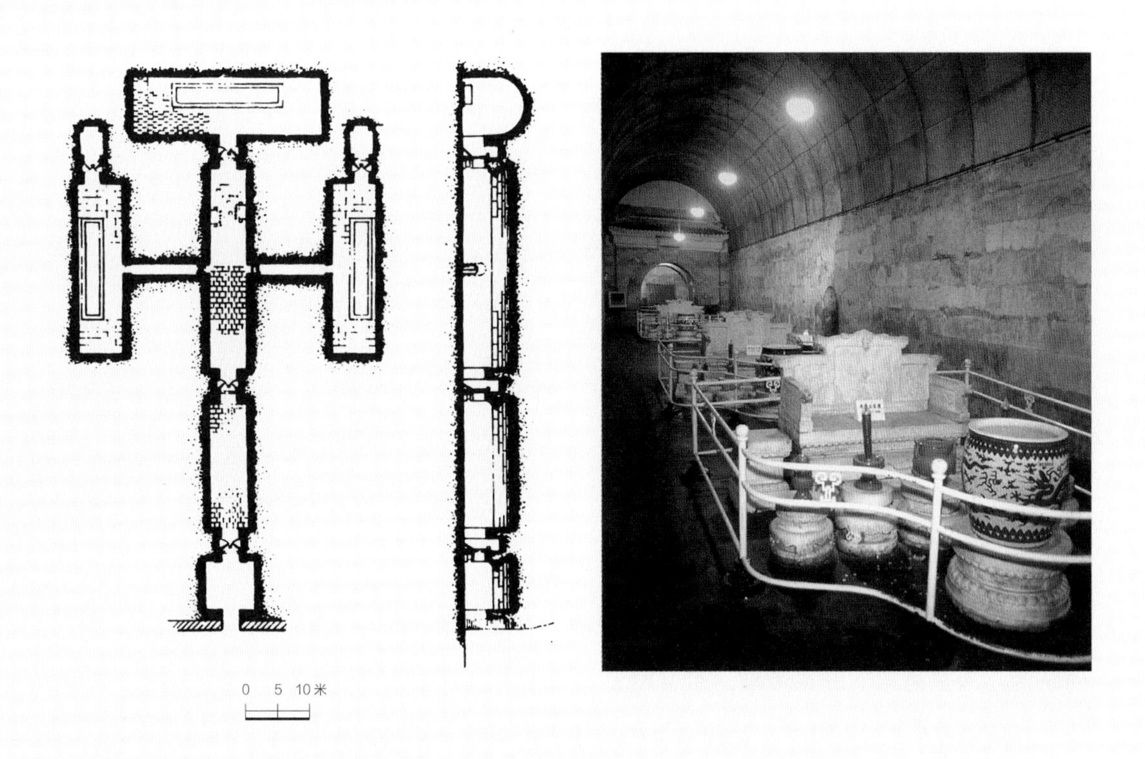

左：明定陵地宫平、剖面图

右：定陵地宫

在这些画面之间还点缀着古钱、如意等具有象征意义的图案和桃、牡丹、荷、梅等四季花卉，色彩艳丽，绣法精细，表现了明朝在刺绣工艺上高超的技术与艺术水平。

建造在天寿山下的这 13 座皇陵都需要动用大量的人力和木料、石料与砖瓦。像长陵祾恩殿的楠木柱子，直径在 1 米以上的树龄多在百年以上，而且多产于四川、云南、贵州一带。明朝史料上记载，到深山老林中去采伐这些巨木是“一木卧倒，千夫难移”，采伐的人是“入山一千，出山一百”，足见采木之艰苦。从地面上的石牌楼、多种石门、石供桌、石台基、石栏杆、石人石兽雕像到地下的石造地宫，石料用量浩大，神道上的一头石象，连象身带基座，就需要近 30 立方米的巨大石料。把这些木料、石料从产地运送到陵区比到北京城内紫禁城的路途还远，所需人力、兽力更多。单一座定陵的建造费就达白银 800 余万两，相当于当时两年全国的田税收入。这还不包括定陵地宫内的那些珍贵的殉葬品，一顶镶着 5000 多颗珍宝的皇冠，其上一块红宝石就价值 500 两白银。

清朝东陵与西陵

公元 1644 年，清兵自东北进入山海关内，开始了清王朝对全国的统治，入关后第一任皇帝顺治帝当时只有 7 岁，去世时才 24 岁，但是就在他在位的 18 年中，这位年轻的皇帝仍亲自到北京四周去寻查，选择他的葬身之地。最后选定北京以东的河北省遵化境内一块宝

河北易县清西陵石牌楼

地为陵区，称为东陵。陵区距北京 125 公里，北有吕瑞山作为背靠之山，东边的倒仰山、西边的黄花山左右相护，前有金呈山相对，其中又有马兰河、西大河两水环绕，这真是一块藏风聚气的风水宝地。在这块陵区内，自顺治皇帝的孝陵开始，先后建造了五位皇帝的陵墓和他们的皇后陵、皇妃园寝，共计 15 座陵与寝，顺治皇帝的孝陵居中，其他陵寝分列左右，孝陵最前方巨大的石牌楼和大红门又是整座陵区的大门，使东陵成为一个有机的整体。

清朝第三任皇帝雍正本应随他的父亲与祖父也葬在东陵，而且也初步选定了陵址，但经大臣与风水师勘察后认为此处土中带沙石，土质不佳，四周山势不全，于是又在其他地方另寻宝地，结果在离北京 125 公里的河北易县境内找到一块陵区，这里北有泰宁山，东西也有山脉相护，一条易水河流经陵前，也是一块风水宝地。雍正皇帝决定将自己的陵墓建于易县，因易县位于京都之西，故称西陵。西陵自雍正的泰陵开始先后又建有四位皇帝的陵墓和他们的皇后陵，

背靠大山的清西陵

左：清乾隆皇帝裕陵地宫石壁上的雕像

右：裕陵地宫石门上的雕像

皇妃、公主、王爷的园寝，共计14座陵寝。泰陵前方的三座大石牌楼和大红门也成为整座西陵陵区的入口，连着大红门两侧的围墙向东西延伸，连绵21公里，把陵区中的陵寝建筑包围其中，使西陵成为一个整体。

现在选择两座有特点的陵寝介绍如下：

清东陵的裕陵：裕陵是清朝第四位皇帝乾隆的陵墓。乾隆25岁登上皇位，因为他不愿意超过他的祖父康熙在位61年，所以当了60年皇帝后退位，但他又当了3年太上皇，直至89岁去世，是中国封建社会中掌权最长，也是寿命最长的皇帝。乾隆在位时期，社会政治稳定，经济发展，国家财力富庶，是清朝的一段盛期。他的陵墓占地达46.2万平方米，建造了十多年，除乾隆外先后下葬有乾隆的皇后二人，皇贵妃三人，共计6人，时间相隔长达47年，最后入葬的是乾隆本人。裕陵地宫已发掘，但因墓室早年被盗，所以墓内殉葬品已被抢劫一空，所幸墓室仍保存完整，为今人留下了一座地下宫殿。

清东陵定东陵隆恩殿

地宫由明堂、穿堂、金券三部分组成，前后有54米之深，全部由石料建造，并且在墓室的四壁、顶部和门上几乎都有佛教雕刻装饰。墓室前后共有四道石门，八面门扇都由石造，高3米、宽1.5米、厚0.19米的门扇当有3吨重，在八面门扇的正面各雕着一位菩萨立像，门券洞的两壁雕有四大天王像。金券为裕陵地宫的主墓室，是当年停放皇帝、皇后、贵妃六具棺木的地方。在金券的拱形顶上刻着三朵大佛花，花心由佛像和梵文组成，四周有24个花瓣围绕。拱顶东西两头的半圆形石墙上刻有佛像和八宝图案。金券四周墙上则满刻印度梵文的佛经文和用藏文注音的番文经书，梵文647字，番文有29464个字。所有这些佛像、八宝图案和经文雕刻细腻，风格统一，布局均匀而有序。乾隆生前笃信佛教，死后竟将自己的墓室装饰成一座地下佛堂。

清东陵的定东陵：定东陵是清朝慈禧太后的陵寝。按清朝制度，凡死于皇帝之后的皇后另立陵安葬，陵地位于皇陵两侧，清咸丰皇帝的两位皇后慈安与慈禧皆死于咸丰之后，均建陵于咸丰皇陵定陵之

定东陵凤在上、龙在下的石雕

东，故称定东陵，慈安、慈禧两陵东西并列，形制完全相同，始建于1870年，经6年建成，前有碑亭、隆恩门，中有隆恩殿及左右配殿，后有明楼及宝顶地宫，组成很完整的建筑群体，慈安皇后于1881年病死葬入陵中。慈禧太后于同治、光绪两位皇帝在位时垂帘听政，权势超过皇帝，在她60岁时，下令将定东陵的地面殿堂拆除重建，经过14年至慈禧去世时（1908年）才完工。经过重建的隆恩殿的柱子、梁枋和门窗全部采用名贵的楠木和花梨木制成，并且在这些梁枋上用金色绘出龙、祥云、花卉等纹样，立柱上原来也有镏金的盘龙和莲花装饰，可惜现在已经剥落。大殿内墙上镶嵌着贴金的雕花面砖，组成“五福捧寿”和“万字（卍）不到头”等具有吉祥意义的图案。在大殿下面的石台基上也满布雕刻，台基四周石栏杆的栏板上雕有凤在前、龙在后的石刻，栏板之间的石柱子，柱头雕凤，柱身雕龙，组成龙首向上仰望凤的景象，台基中央的台阶中央也有凤在上、一条龙在祥云中翘首向上追凤的画面。只要对比一下紫禁城内宫殿石栏杆上的双龙戏珠和台阶中央的九龙御道就可以清楚地看到，定东陵里出现的凤在上、龙在下的石雕绝不是偶然现象，它反映了慈禧太后两朝垂帘听政、权势超越帝王之上的一段特殊历史，表现了慈禧无限膨胀的权欲。

清朝皇陵虽分东、西二陵，但它们的形制仍沿袭明皇陵的制度，十分讲究环境的风水吉祥，诸座皇陵既相互独立，又有一个共同的入口，组成一个陵区整体。清朝除东、西陵之外，在清朝入关前的都城盛京（今辽宁省沈阳市），有清太祖努尔哈赤和清太宗皇太极的福陵、昭陵各一处。另在清朝统治者的老家辽宁新宾县有一处埋葬老祖宗的永陵，陵中埋有清朝的创立者太祖努尔哈赤的父亲及以上几代祖宗。以上分布在河北、辽宁四处的11座清皇帝陵和一座祖陵，和江苏南京的明孝陵、北京的明十三陵、湖北的明显陵共同组成的明清皇家陵寝，以它们所具有的丰富历史与文化价值，被联合国教科文组织列入“世界文化遗产”名录。

辽宁沈阳昭陵

辽宁新宾县永陵碑亭

第五章 佛教建筑

CHAPTER
FIVE

佛教建筑是属于宗教建筑的一种。中国古代所流行的宗教，主要有佛教、道教和伊斯兰教，其中以佛教传播最广、信仰的人最多，因此在宗教建筑中，佛教建筑数量也最大。

佛教产生于古代印度，创始人是释迦牟尼，他原是古印度迦毗罗王国的一位王子，传说这位王子在走出王宫接触社会后，看到人类经历着生、老、病、死的痛苦，于是在他 29 岁时决心告别自己的妻儿走出王宫，只身去探寻解脱人生痛苦的途径。六年之后，他终于在一天晚上大彻大悟而成佛。从此以后，他周游各地，广收弟子，宣讲他悟到的真理，并组织成教团，形成佛教。据推算，这个时期约在公元前 6 世纪到前 5 世纪。佛教的教义认为：现实世界是一个“苦海无边”的世界，这里充满着生、老、病、死，与亲人离别，生活得不到保障，欲望得不到满足等苦难，而所有这些苦难都是因为人类有了各种欲望而引起的，这些欲望又是经过人的视觉、听觉、嗅觉、味觉和触觉而产生的，所以要解决人世之苦，就必须断绝这众多的欲望而进行苦苦的修行，直至生命的终结才能达到理想的无欲无痛苦的境界。

佛教传入中国，大约是在汉朝，由于佛教教义贴近大众生活，所以很快受到广大百姓的信仰，同时也得到统治者的重视与扶持。朝廷组织专人传译佛教经书，讲习教义，发展到南北朝时期（420～589年）形成佛教在中国传播的第一个高峰。据记载，当时南方的梁朝就有佛寺 2800 余所，出家僧尼 82700 余人；北方的北魏有寺院 3 万余座，僧尼达 200 余万人。唐朝是佛教在中国发展的盛期，曾经有几代帝王都崇信佛教，在京都长安专门设立了译经院，聘请国内外名师，培养了大批高僧与学者，在各地兴建官方的寺庙，僧人受到礼遇，使中国的佛教不但自身得到发展，而且还传向朝鲜、日本和越南等地。经过历代朝廷的提倡和民间的信仰，使外来的佛教逐渐与中国本土文化相融合而形成了具有中国特色的佛教文化，佛教建筑也成为中国古代建筑中很重要的一个部分。

石窟

石窟是开凿在山崖壁上的石洞，是印度早期佛教建筑的一种形式。佛教石窟有两种形式：一种为方形小洞，正面开门，洞内三面开凿并列的小龛，供僧人在龛内坐地修行；另一种山洞面积较大，洞中靠后的中央有一座石雕的佛塔，塔前供信徒集会拜佛。这种石窟寺的好处是窟内凉爽，适宜印度炎热的气候，石窟地理位置偏僻，环境幽

印度卡尔利支提窟

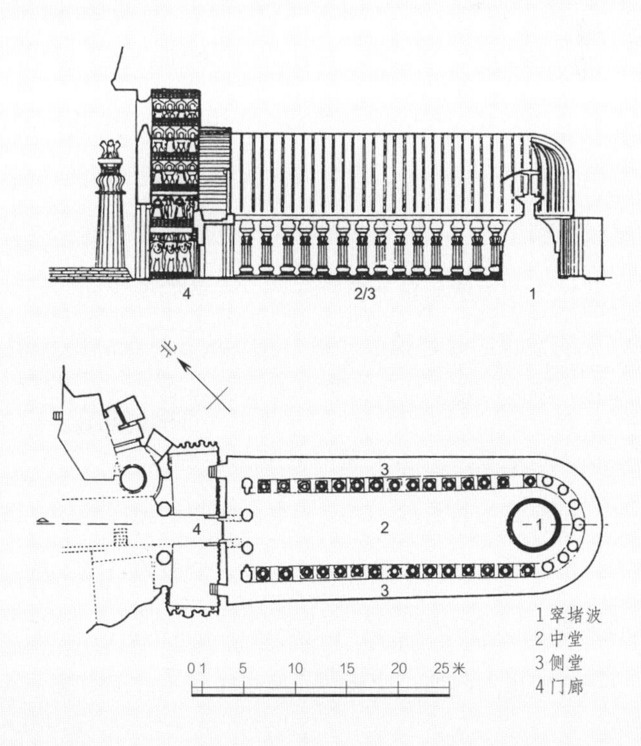

左：甘肃敦煌莫高窟

右：甘肃天水麦积山石窟

雅，有益于修行，另外，开凿石窟简单易行，可节约费用。

佛教是沿着古丝绸之路传入中国的，丝绸之路既是一条商贸之道，同时也是一条文化交流之道。佛教的佛经和佛教建筑同时传入，所以沿着这条丝绸之路出现了一批石窟。现在发现最早的石窟是新疆的克孜儿石窟，开凿于3世纪末和4世纪初，它们是中心立塔柱的那种形式，四周壁画上的佛像也带有明显的印度风格。另一处早期石窟是敦煌石窟，敦煌位于甘肃省西端，是中国通向西域的出入关口，丝绸之路南北两道的交会点，自古以来就成了商贸中心，佛教也随着商贸很早就传到了这里。对于长年往来于茫茫沙漠的商人来说，企求佛祖保佑自己平安的愿望自然特别强烈，宗教的要求和有利的经济条件，使这里石窟寺的修建得以连绵不断，从5世纪的南北朝直至14世纪的元朝，各个时期的石窟并列，使敦煌成为中国古代持续时期最长、规模最大的石窟。众多的窟内除雕刻的佛像外，在窟顶、四壁、台座各处几乎都满布着彩绘，表现出各种题材的佛经故事、各地佛寺环境景观、世俗生活以及大量的装饰花纹，使敦煌石窟又成为中国古代艺术的宝库。

随着佛教的传入内地，使黄河流域也出现了一批石窟，其中比较有名的有甘肃省天水麦积山石窟、山西省大同云冈石窟、太原天龙山石窟、河南省洛阳龙门石窟、巩义石窟、河北省邯郸响堂山石窟等。北魏是中国佛教盛行时期，云冈石窟和龙门石窟正是这一时期的两座重要石窟。

云冈石窟位于山西大同，这里曾是北魏的都城。石窟开凿于公元460年前后，终止于公元524年，前后经历60余年，共开凿大小窟龛252座，沿着武周山麓连绵达1公里。在这些大小窟龛中，可以见到佛、菩萨、胁侍等不同的雕像以及佛寺建筑和佛教装饰；在这里可以看到具有印度风格的佛像，也可以看到具有中国人体特征的雕像；既能见到西方建筑上的石柱形式，又可以见到用石雕表现的中国

山西大同云冈石窟

左：云冈石窟内景

右：云冈石窟的中国传统建筑形象

木建筑式样的殿堂与楼阁。云冈石窟表现了佛教文化传入中国本土后逐渐中国化的过程。

龙门石窟位于河南洛阳，北魏孝文帝自大同迁都到洛阳后即开始凿造龙门石窟，自公元500年开始，经唐、宋、金各朝连绵达四五百年，共开凿石窟2345座，造像达10万余尊，另外还造刻碑碣3600余块。龙门石窟中最大的石刻造像是奉先寺的卢舍那佛像。佛像开始凿造于唐高宗李治时期（650～683年），完成于公元675年。高宗皇后武则天想利用佛教为她夺取政权制造舆论，因此特别重视奉先寺的建造，还为此拿出她的私人财产，佛像造成之后，她亲临开光仪式。佛像总高17.14米，佛像头高4米；像两侧造有弟子像两座，菩萨像两座，天王及金刚像各两座，这些石像也多高达10米。为了容纳这些佛像群体，必须先从山崖上开凿出深41米、宽36米的露天场地，然后才能雕琢佛像。在当时的技术条件下，光这项开山工程就花了3年9个月的时间，开出石方达3万余方。

为了使佛像更具神力，对广大信徒更具吸引力，这类石雕佛像越来越大，石窟洞里已经容不下它们的雕像了，所以出现了龙门奉先寺那样把佛像雕立在露天的石崖山壁上。这种做法到唐朝有了发展，这时期出现了四川乐山凌云寺大佛，大佛依附于凌云山，以天然岩石雕成，凌云山面临岷江，大佛自江边崖底直至山顶，总高71米，佛像肩宽28米，鼻高5米多，人称“山是一尊佛，佛是一座山”，只有从江心才能见到它的全貌，是目前世界上第一大佛。大佛自唐先天二年（713年）开凿，到唐贞元十九年（803年）完成，共经历四代皇帝，历时90年，原来佛像全身有彩绘，石像外建有13层楼阁遮盖，明代楼阁烧毁，只剩下大佛像露天屹立于岷江之畔。

乐山凌云寺大佛与前面所介绍的敦煌石窟、云冈石窟和龙门石窟都先后被联合国教科文组织列入“世界文化遗产”名录。

左：乐山凌云寺大佛局部

右：河南洛阳龙门石窟奉先寺

四川乐山凌云寺大佛

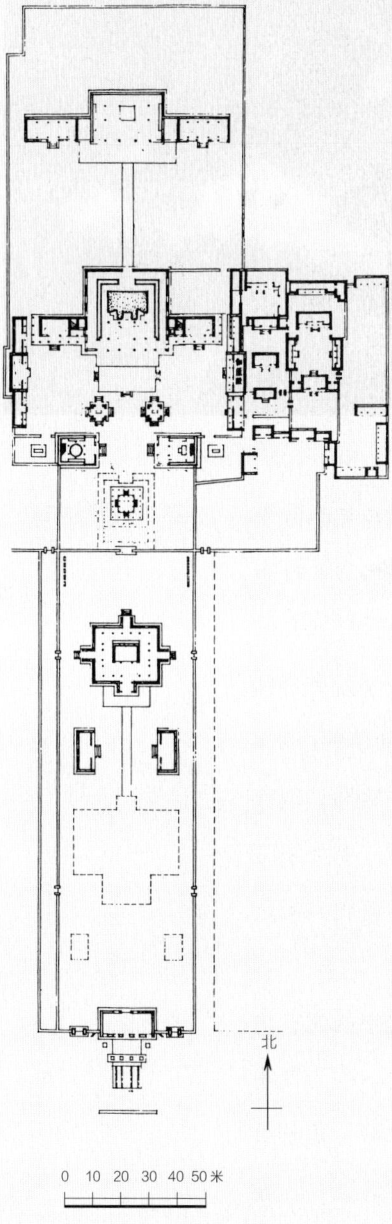

佛寺与佛殿

在中国古代，佛教建筑主要的形式不是石窟而是大量存在的佛教寺庙。相传在东汉永平七年（64年）汉明帝派遣特使去西域求法，当他们陪同天竺高僧驮着佛经与佛像回到洛阳时，因为当时还没有专门的佛教建筑，所以让他们先住在专门接待外国来宾的鸿胪寺，到第二年才为他们另建住所，因为这些高僧为西方来客，因此将他们的住所也称为寺，又因驮负佛经、佛像来中国的是白色的马群，所以称为白马寺，这白马寺应该是中国第一座佛教建筑。接待外宾的鸿胪寺、供高僧居住的白马寺都是中国传统的四合院建筑，僧人们就在这种合院形式的房屋内，开始了佛事活动。他们把佛像供奉在四合院中央的前厅里，后堂成了学习佛经的经堂，两侧厢房和后院成了僧人的生活用房。四合院满足了佛事活动的要求，给佛教提供了适宜的场所。就这样，传统的四合院建筑群成了中国佛教寺庙的基本形式。

北

0 10 20 30 40 50米

河北正定隆兴寺平面图

随着佛教的发展，佛事活动的增多，佛寺的规

浙江宁波保国寺鸟瞰

模也越来越大。寺院的大门、供奉天王的天王殿、供奉佛与菩萨的大雄宝殿、诵经修行的法堂与经楼，这些佛寺的主要建筑按佛教的规矩先后排列在佛寺的中央轴线上，在它们的两侧和四周分别是待客和僧人的生活用房。在规模大的佛寺内，前院的左右两边还分别建有悬挂钟、鼓的钟楼与鼓楼，在中轴线上或者在两侧加建供奉菩萨的小殿。事实说明，佛寺规模的增加并没有也不需要打破四合院的格局。现存的，保留得比较完整的佛寺都是这样的四合院式建筑群体。例如浙江宁波的保国寺、天童寺，河北正定的隆兴寺，山西大同的善化寺都是这样的形式。

传统的四合院建筑群组适应了佛教的要求，而建筑群中的建筑也给供奉佛像和进行室内佛事活动提供了合适的场所，于是，中国传统的殿堂建筑也成了佛寺殿堂的形式。山西五台山佛光寺大殿，建于唐大中十一年（857年），是中国目前发现的少数几座唐朝建筑中的最大者，面阔七间34米，深17.66米，殿呈长方形，在殿内沿着后墙

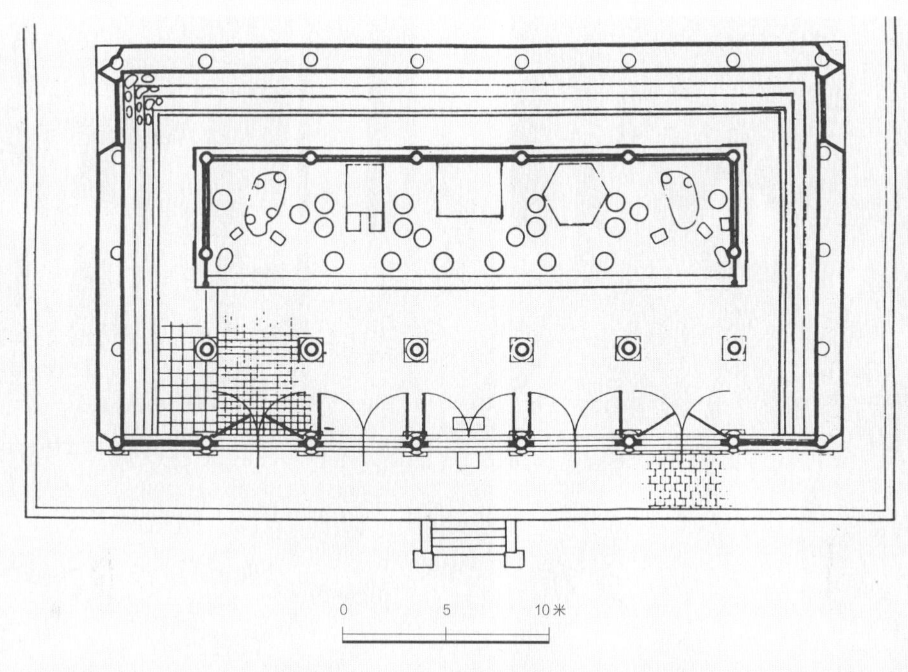

山西五台佛光寺大殿平面图

佛光寺大殿

左：天津蓟县独乐寺观音阁内景

右：浙江宁波天童寺佛殿内景

设有横贯五间的佛坛，坛上供奉着佛、菩萨及弟子像共有 30 余尊，坛前留有全殿一半的面积供行佛事之用。浙江宁波天童寺大殿内供奉着佛像数尊，殿内满排跪垫，供信徒拜佛，佛殿内悬挂着经幡，散发出一种宗教的神秘气氛。

佛殿里的佛像也像石窟中的佛像一样，体量越做越大，但是这种绝大多数用泥塑或木料制作的佛像不能搬移到室外露天中去，其结果就是加大佛殿的体量以适应这种大型的佛像。天津蓟县独乐寺是建于辽代的一座佛寺，寺中主要殿堂观音阁内供奉着一座观音菩萨像。观音像高达 16 米，普通的单层殿堂容不下它，所以改为外观为两层，内部却为三层的楼阁，信徒们走进阁内可以登到二、三层楼上，从不同高度去敬仰这位观音菩萨。河北承德普宁寺的大乘阁内也供奉着一座更高的观音像，像为木料制作，高达 22.28 米，这座阁的形式也突破了旧有阁楼的形式。外观五层的楼阁，阁顶上用了一大四小、四面坡攒尖顶的组合形式。大佛的出现促使传统建筑形式有了新的突破，

云南大理洱海小普陀

使建筑形象更为丰富多彩。

中国地域辽阔，佛寺散布在各地，它们所处的环境很不相同，遇到有些特殊的地形地貌，佛寺有时很难仍采用四合院的形式。例如山西浑源县有一座佛寺建在恒山的峭壁上，它并不是石窟洞口的附加建筑，而完全是由多座殿堂组成的寺庙建筑群。它与一般佛寺不同的是，这些殿堂不是建在地面上，而好像是悬挂在陡崖峭壁之上，它们的重量除依赖少数立在峭壁上的柱子之外，大部分都依靠插入石崖中的木梁支撑，在这些木梁上再立柱子、架梁枋、盖屋顶，远观整组建筑似悬挂于恒山峭壁之上，故称“悬空寺”。再如云南大理洱海上有一座面积很小的岛，在岛上建造了一座佛寺，佛寺只有一座佛殿，佛殿几乎充满小岛，殿的四周只留出一条很窄的通道，人们坐船上岸就进殿，当地百姓把这座佛殿比作浙江舟山海域中的佛教圣地普陀山，称它为“小普陀”。这些并非四合院形式的佛寺往往多有自身的特殊形态，因而形成一个地区的独特景观。

山西浑源悬空寺

河北承德普宁寺大乘阁

佛山

佛山是佛寺集中的山，这样的山因佛寺而得到开发，佛教建筑构成山中的主要景观。佛山的形成经历了漫长的过程。

早期佛教出家的僧人都不参加生产劳动，他们以化缘乞食为生，但是这样的制度传到以农业经济为基础的中国就发生了变化。在城市的主要佛寺里，有朝廷官府或者富有的信徒出钱养活这些僧人，但是在广大农村，僧人不可能完全不务农业不劳而食，因此在佛教盛行的南北朝时期，佛寺里就开始拥有自己的田地，僧人们经营农业以自养，而原来那种化缘乞食已经不是主要的谋生手段了。这种情况到唐朝更为普遍，因为唐朝是中国佛教发展的盛期，全国各地出现了大量的寺庙，僧人人数骤增，寺庙拥有的田地也有很大的增长。在这种形势下，为了不在城市里争夺土地，为了佛寺的发展，寺庙开始转向远离城市的山林地区，山林地区不但有山有水有土地，而且避开喧哗，环境幽静，既有佛寺谋生的条件，又适宜僧人打坐静思、修身养性。于是众多的寺庙出现在山林，经过漫长的发展，在全国形成了寺庙集中的四座名山，这就是四川的峨眉山、山西的五台山、浙江的普陀山和安徽的九华山，号称四大佛山。

峨眉山地处四川中部，这里层峦叠翠、幽谷深邃，主峰万佛顶海拔 3099 米，次峰金顶海拔 3075 米，沿山势沟壑纵横，山溪水流潺

峨眉山清音阁

四川峨眉山报国寺

潺，林木郁郁葱葱。唐朝诗人李白一生遍游名山大川，他给峨眉山以极高的评价："蜀国多仙山，峨眉貌难匹。"早在汉朝，山里就陆续出现了简陋的庙，到唐、宋时期，大小佛寺日益增多，那些有见识的僧人选择在山脚和低山区建造了报国寺、伏虎寺、华严寺；在山腰安置了万年寺、清音阁、仙峰寺等。这些寺庙构成了峨眉佛寺的主体，它们或依山或跨水而建，或成合院式群体，或单体散置，都处于山林之中，与自然环境融为一体。僧人还利用主山峰之高，在万佛顶与金顶上建造小庙，在高峰顶上，不但可以俯览远近群山，而且在天气晴朗、阳光斜射到一定角度时，还可以见到在高山云海上显出一道彩色光环，僧人将这不易见到的自然奇观称为"佛光"，附会是普贤菩萨显灵。这"金顶祥光"不但被赋予了佛教的神秘色彩，而且成了峨眉四大奇观之一。僧人为了让众多信男善女能够见到这佛光圣境，经过几代人的努力，修造了一条山间石路可由山脚直抵山顶，沿途经过上下几座佛寺，能够观赏到山区不同的景观。

浙江普陀山法雨寺

普陀山位于浙江宁波以东的海中，为舟山群岛中的一座小岛。相传唐朝时日本僧人到五台山拜佛后得观音菩萨像，返回日本时，船过普陀山遇风不能前进，就将观音像留在岛上，使普陀山成为专供观音的佛山。普陀地势西北高、东南低，其间山峰连绵，岛北最高山峰菩萨顶海拔 291.3 米，山势延向东南，一路山坳与盆地相连，山为石山，山上奇石遍布。山上有慧济寺、法雨寺和普济寺，三座大佛寺分别建造在山顶、山坳和山脚处，另有几十座佛庵散布在山坳与盆地。自山脚有两条纵穿南北的山道，将各寺和庵院串联在一起。在这些寺庵之间，还利用山路旁的奇石创造出“二龟听法石”“心字石”等与佛教有关的景点。在山路的重要段落全部用石板铺造，每隔三五步就要在石板上刻画象征佛教的莲荷图案，象征着“步步莲花”。当年的信男善女就是沿着这条山道，三步一拜，五步一叩，怀着虔诚的心，行进在这条象征着佛教的莲花道上，走向佛寺圣殿。在这里，佛寺庵院、山道、石景连为一体，佛寺不再局限于院墙之中而向四周的自然山林扩延开去，而自然山林也因此融入了佛教的人文内涵。

山林佛事的兴盛促进了山区与外界的交往，往来的信男善女更多了。为了解决他们的食、住等生活需要，寺庙不得不设立供香客使

上:（左）普陀山山道石景（一）

（右）普陀山山道石景（二）

下：普陀山佛庵院

左：普陀山香道

右：山西五台山佛寺

用的客房、斋堂，以及香烛、冥物等宗教用品的供应处。随着佛事活动的日益扩大与频繁，这种带有商业性质的经营由寺内移至寺外，并且由小到大，逐渐在山中形成集中的商业街，有的还发展成为以佛寺为中心的小集镇，这种商业街在峨眉山、普陀山、五台山都可以见到。

佛寺进到山林，既发展了寺庙，又经营了山林。中国传统的崇敬山神和信奉佛祖在人们的心灵里原本就是相通的，无论祭拜的是山神还是佛祖，其目的都是为了求福祛灾、发财长命以及各自不同的自身祈求。现在人们涌向山林，既敬了山又拜了神，既在佛祖面前敬了香烛还了心愿，又游览了山林美景。古人云："山不在高，有仙则灵。"这里的仙既有山神又有佛祖，山因佛寺而扬名，寺因居山而更兴盛，这就是佛山之所以经久不衰的原因，这就是佛山的特殊价值。

藏传佛教与南传佛教建筑

藏传佛教建筑

公元 7 世纪，在西藏吐蕃王朝松赞干布统治时期，由印度直接传入的密宗佛教在西藏逐渐占了上风，大约在 10 世纪后期形成富有特征的藏传佛教，俗称喇嘛教，寺中僧人也称喇嘛。

密宗是佛教中的一个宗派，密宗在佛事的每一步骤都有一套严格规定，内部管理与组织也十分严密。佛寺中除了有总管的僧人之外，还有分工管理学经、辩论、考试、纪律以及查违法、领众诵经等各方面的专职喇嘛。西藏长期以来都实行政教合一，寺院中有职务的僧人也起到官职的作用，寺院总管还能出席地方政府的重要会议。藏传佛教的节日多，有正月的祈愿法会、四月的佛诞生日、六月的雪顿节、七月的望果节等，这些节日又和当地的传统节日结合在一起，所以持续时间长，参与的人数多，在西藏几乎全民信教的情况下，这些佛教节日也都成了全民的盛大节日。政教不分、全民信教、礼仪的隆重和连续的节日，这诸多因素促成了西藏佛寺不仅功能多样而且规模也大。一座寺院除了殿堂、灵塔、经幢、僧舍之外，还有办公用房、私人住宅、园林、街道等，一座大型寺院有如一座小的城镇。

藏传佛教的寺庙在形态上具有鲜明的特征。首先在寺庙布局上，

上：大昭寺屋顶双鹿与法轮

下：西藏拉萨大昭寺

根据西藏高原多山的情况，建筑多依山势而布置，不强调中轴对称及有秩序的四合院形式；其次在建筑个体上，这些殿堂既采用汉族地区传统的木结构梁架，又结合当地碉楼石结构的形式；在建筑外部和室内装饰上，借鉴了尼泊尔宫殿与寺庙建筑的装饰，从而创造出一种西藏寺庙所特有的风格。最具有代表性的寺院有拉萨的大昭寺和布达拉宫。

大昭寺始建于 7 世纪，正值吐蕃王朝松赞干布迎娶尼泊尔的尺尊公主和唐朝文成公主入藏，这两位公主都是佛教虔诚的信徒，都带了佛经与佛像进藏来到拉萨，大昭寺就是专门为收藏这些佛经、佛像而建造的佛寺，传说还是由文成公主选址、尺尊公主主持兴建的，后经元、明、清三朝多次扩建而形成今日的规模。大昭寺建筑面积 25100 多平方米，佛寺主殿用石造外墙和汉族传统的木结构梁架，屋顶用金瓦铺造，屋脊上高耸着金幢与金法轮，它们在西藏特有的深蓝色天空衬托下闪闪发光，表现出西藏佛寺特有的魅力。大殿内廊的檐部用具有西藏特征的成排伏兽和人面狮身木雕作装饰，在走廊和殿内四壁满布壁画。除了表现藏传佛经的内容之外，还有“文成公主进藏图”和“大昭寺修建图”。壁画所描绘的形象很逼真，色彩十分鲜艳，但又喜欢用黑色作底，使画面在艳丽中略呈深沉而神秘，它们不但在艺术上而且在史料上都有很大价值。

布达拉宫位于拉萨市的红山上，是松赞干布为纪念与文成公主成婚而建造的，始建于 7 世纪，后毁于雷火与兵灾，现在的布达拉宫是 17 世纪后陆续重建与扩建的。这是一座政教合一的大型宫殿寺庙，

布达拉宫内壁画

大昭寺屋顶

全宫分白宫、红宫和山脚下的雪、龙王潭四部分。白宫面积最大，是西藏最高领袖达赖的宫殿，喇嘛诵经的殿堂和他们的住所以及僧官学校都在这部分。红宫是历世达赖的灵塔殿和各类佛堂。山脚下的雪是地方政府机构、监狱和为宫殿服务的作坊。龙王潭是宫中后花园。布达拉宫几乎占据了整座红山，依着山势，层层叠叠地建造起宫殿，从底到顶高达 117.9 米。宫的外观完全采用西藏本地碉楼城堡的形式，全部用石料造墙，上下 13 层，檐口用西藏特产的一种草作装饰。但到屋顶仍用木结构的歇山式顶，屋顶上铺着镀金的铜瓦，在屋脊和墙顶檐口上排立着金幢、金塔等装饰。布达拉宫在造型上不求中轴对称左右均衡，只是随着山势和内部使用要求而产生的自然形态，宫殿上下左右高低错落而又连为一体，气势十分宏伟。

从大昭寺、布达拉宫和其他西藏寺庙上可以明显地发现这些佛寺除了在建筑布局、建筑个体形象与汉族佛寺有区别外，在装饰上也颇

西藏拉萨布达拉宫

布达拉宫白宫

西藏寺庙用草作屋檐装饰

左：藏族寺庙门框的装饰

右：藏族寺庙的柱头装饰

有地区特色。寺庙很讲求装饰的整体效果，大面积的石墙和墙檐用草料作装饰相配合；金色的屋顶及其装饰与蓝天相衬托，造就了这些寺庙具有一种宏伟的气势。在色彩上喜欢用红、白两种色彩。西藏的云彩与雪山是白的，西藏赖以生存的奶制品是白的，牛羊肉是红的，当地官府设宴，平时设以奶、奶酪等奶制品为主的白宴，庆贺战功则设以牛、羊肉为主的红宴。这红、白二色代表着财富、吉祥。此外，门、窗和室内的柱头、墙都有彩色装饰。这些寺庙以其总体形象和宫内外的装饰形成了西藏寺庙所特有的宏伟、厚重、浓烈和粗犷的风格，使它在中国古代佛教建筑中具有鲜明的个性。

南传佛教建筑

大约在 7 世纪中叶，一种上乘部佛教由缅甸传入到我国云南南部的傣族等少数民族地区，这种上乘部佛教称为南传佛教。当时佛经的传布只是通过口传耳听，没有建立寺庙传经，直至 16 世纪明朝后期，由缅甸国王派来的僧侣团才带来佛经与佛像，于是在景洪地区开始造佛寺和佛塔，并将南传佛教传至德宏、孟连等地，遍及整个云南傣族地区，从而发展到人人信教、村村有寺庙的局面。

傣族地区的佛寺既直接受到缅甸、泰国佛寺的影响，又结合当地民间建筑的特点，形成了这个地区特有的一种佛寺形制。在佛寺的建筑布局上，没有中轴对称的形式，寺中以佛殿为中心，四周散布着小型的经堂、寺塔、寺门和僧人用房，它们布置随意，只在寺门与佛殿之间多有一条小廊相连。在佛寺的形象上，因为殿中供奉着一尊高大的佛像，所以要求佛殿高耸，在这里没有采用汉族佛殿那样将殿变成多层楼阁的形式，而只是把屋顶部分特别加高加大。为了减轻这些大屋顶的笨拙感，当地工匠对屋顶做了多方面的处理。首先是把庞大的

云南西双版纳佛寺大殿内景

南传佛教寺庙大殿

屋顶上下分为几层，左右又分做几段，突出中央部分，使硕大的屋顶变成一座有数层小屋顶的组合体，从而消减了屋顶整体的笨重感。其次又在屋顶的几乎所有屋脊上都满布装饰，动物小兽、植物卷草，一个接一个地罗列在屋脊上，在屋顶正脊的中央还装饰着高起的小塔，使这些不同高低、不同方向的屋脊组成空中的彩带，形象生动而且美观。这样的屋顶形式不但用在佛殿上，而且也常常用在寺门、经堂这些不大的建筑上。景洪地区有一座景真佛寺，寺中的经堂面积不大，但它的屋顶用了由数十座小悬山式屋顶组成的复合体，屋顶四周八个面，上下十层，共有屋脊200余条，而且在每条脊上都布满小装饰，使这座经堂的屋顶形如绚丽的花朵，屋顶成了这个地区寺庙的重要装饰部位。我们在前面讲到的紫禁城宫殿建筑，它们硕大的屋顶被做成庑殿、歇山、悬山、硬山等多种形式而成为中国建筑独具神韵的一个部分，但是比较起来，傣族地区佛寺的屋顶显得更为生动和丰富多彩。这里的佛寺和这里的住宅与其他建筑一样，从总体布局、建筑形象和装饰上看，都具有一种灵巧、轻盈的特殊风格。

景洪景真佛寺经堂近景

第六章 佛　塔

CHAPTER SIX

塔是佛教的一种专有建筑。佛教的创始人释迦牟尼得道成佛以后到各地传教，活到 80 岁高龄，最后在传道的路上得了重病，死在树林中的吊床上。他的弟子将佛的遗体火化，烧出了许多晶莹带光泽的硬珠子，称为舍利。在佛教中认为只有经过修炼获得人生真谛的佛，才能在遗体火化后出现这样的舍利，所以舍利成为代表佛的宝物，佛的众弟子把这些舍利拿到各地，把它们埋在地下，上边堆起一座圆形土堆，在印度梵文中称为“窣堵波”(stupa)，实际上是埋葬佛骨舍利的纪念物，成了信徒们顶礼膜拜的对象。“窣堵波”译成中文称“塔婆”，后来简称为塔，塔成为佛教的一种特有建筑。

插图二 闸口白塔立面、平面及断面图

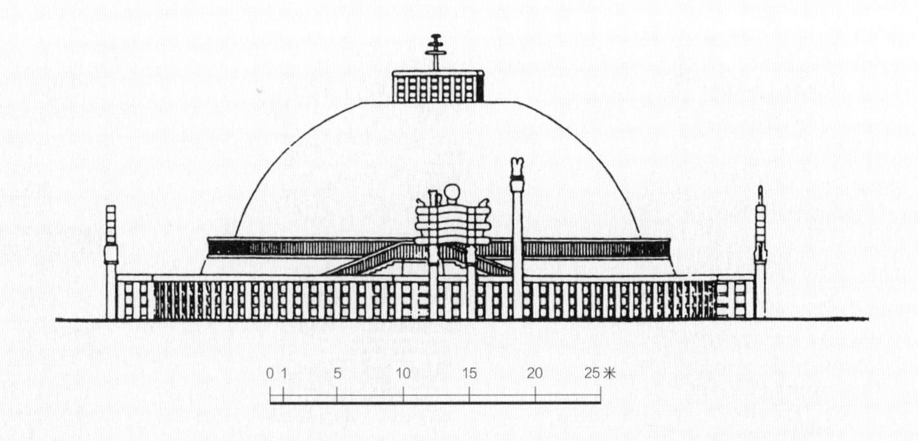

印度桑奇大窣堵波

中国佛塔

这种“窣堵波”随着佛经传入中国，但是它的圆盖式的形状并没有在中国流行。塔既然是象征佛的实体，一种受佛徒膜拜的纪念物，按中国人的传统心理，它应该具有崇高的、华丽的形象，而这种形象在中国就是多层的楼阁。在汉朝墓穴中出土的明器中就有楼阁的模型：三层或者四层的楼，每层都有伸出的屋檐和挑出的阳台，上面有四面坡的屋顶，门窗和阳台栏杆上还有花纹，使楼阁显得很华丽。于是中国原有的楼和印度传进来的窣堵波相结合便产生了中国式的塔，多层楼阁在下，楼顶上置放窣堵波形式的屋顶，称为塔刹，这就是早期中国楼阁式佛塔的形象。这种塔作为佛的象征受到佛徒的膜拜，所以它和印度佛教石窟中心的塔柱一样，被安置在佛寺的中心，成为一座佛寺的主要建筑。公元 495 年，河南洛阳成为北魏的都城以后，在城里大建寺庙，据《洛阳伽蓝记》（一本记载洛阳寺庙的专著）记

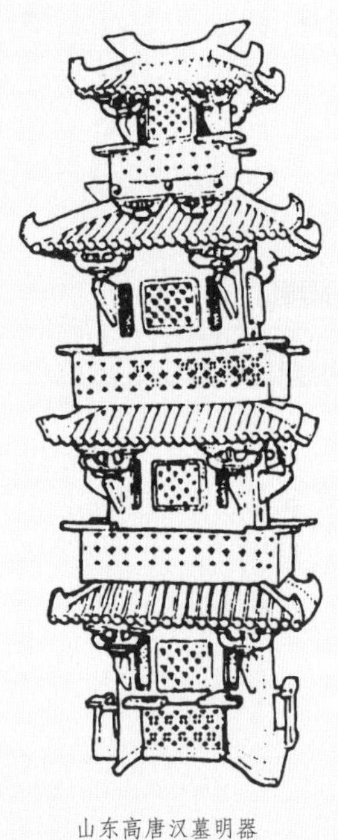
山东高唐汉墓明器

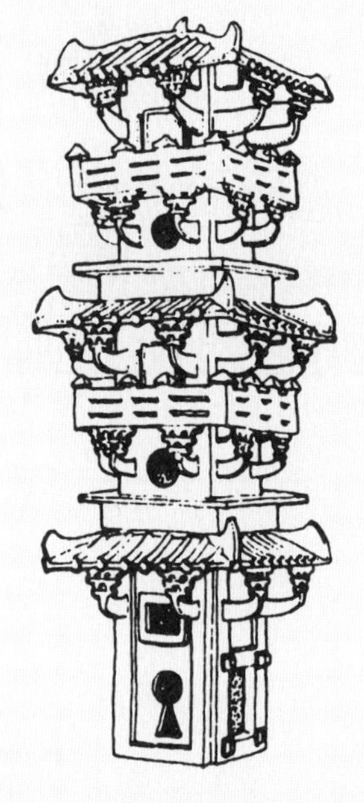
河北望都汉墓明器

河南陕县汉墓明器

汉代明器中的望楼

载，当时城内有一座著名佛寺永安寺，寺庙中心就有一座木结构楼阁式佛塔，高九层达千尺（约合300米），四面形，每层每个面都有三门、六窗，红色的门上有金色门钉和金铺首，塔顶上立着高约30米的塔刹，刹尖为金宝瓶，瓶下有30层金盘，有四条铁链子将塔刹、塔顶相连，在每层屋檐的角上都悬挂有金锋，风吹锋响，远在十里处就能听到，这样一座高耸的木塔在百里之外也都能见到。古人对建筑的描绘不免多带夸张，尤其对尺寸大小，多为观感性的记述，并非实际情况，但这座佛塔形象之宏伟与华丽是可以想象的。当时来洛阳的波斯国人，自称历游诸国，见多识广，他们见了也惊叹：实力神功，走遍佛界，也未见到过这样的塔。但永宁寺木塔于公元534年即被烧毁。现在留存下来的木塔只有山西应县佛宫寺的释迦塔了，俗称应县木塔。塔建于辽清宁二年（1056年），至今已有900余年历史。木塔五层，高67.31米，平面八角形，全部为木结构，历近千年，经多次地震，仍屹立于寺中。塔内底层的中央佛坛上供奉着高达11米的释迦牟尼全身像，其余四层亦供有大小佛及菩萨像。塔本为埋葬佛

左：山西大同石窟中的楼阁

右：山西应县佛宫寺塔

骨舍利的纪念物，自从有了佛像的塑造之后，具体的佛像对于参拜信徒来说自然比舍利塔更具有吸引力，所以应县木塔内出现了供奉的佛像。当佛像进入厅堂而产生了专门供佛的佛殿之后，居于寺中心位置的塔逐渐让位于佛殿而被移置于佛寺的其他位置，或在佛殿的四周附近，或另立于旁院称为塔院，但它仍具有佛的象征作用，并以其高耸的形象吸引着广大信徒。

木结构的楼阁式佛塔造型宏伟，结构严密，能抵御地震灾害，但它最怕火灾，尤其是高塔木构更容易遭受天空雷击而毁于火，所以到唐朝佛教兴盛时，很多木塔都被砖、石结构代替，但它们的外形仍保持着木结构的形式。砖、石不怕火，因而此类塔留存下来的较多，而砖材采集、制作、建造都比石料便捷，因此古代砖塔比石塔更为普及。比较著名的有：建于唐朝的陕西西安兴教寺的玄奘塔、陕西西安的大雁塔、建于宋朝的江苏苏州罗汉院双塔、河北定州开元寺塔等。在南方地区，也有用砖造塔身而外面用木屋檐、木栏杆的，这种砖、木结构的结合既有利于防火，又更多地保持了木楼阁的外貌，即使遭到火灾，也只烧掉塔的木构外檐，修复起来比较容易，例如上海龙华寺塔、江苏苏州报恩寺塔皆属此类。上海龙华寺塔建于宋太平兴国二年（977 年），塔身八角形，上下七层，总高 40.55 米。塔身为砖造，

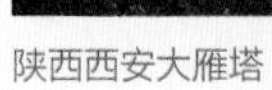

陕西西安大雁塔

河北定州开元寺塔

江苏苏州罗汉院双塔

苏州报恩寺塔

上海龙华寺塔

河北承德须弥福寿之庙琉璃塔

福建泉州开元寺石塔

浙江杭州闸口白塔图

山西平顺明惠大师塔

江苏南京栖霞寺舍利塔

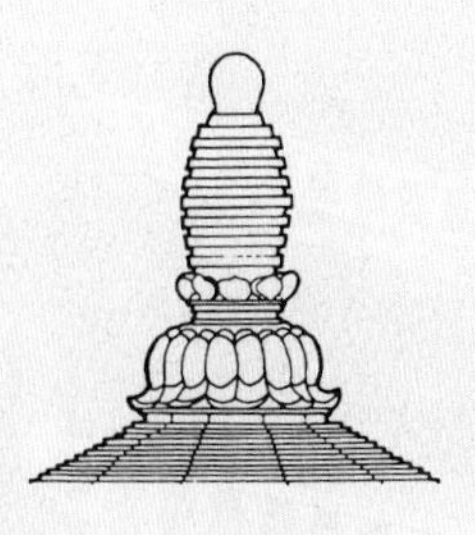
河南登封嵩岳寺塔

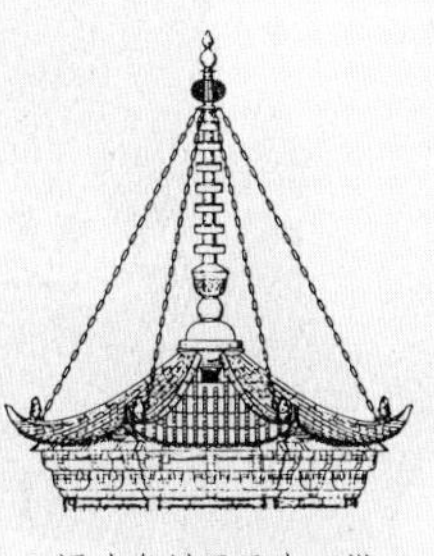
福建泉州开元寺石塔

浙江杭州闸口白塔

塔刹图

每层的屋檐和阳台栏杆都用木结构，屋檐挑出很远，屋角高高翘起，檐下阳台下都有斗拱挑托。塔身的每一层墙面上都做出木柱、木梁，四面开门可走出塔身到阳台，阳台木栏护都用透空花格作装饰。塔虽不高，但比例端庄，总体造型极富南方建筑轻巧秀丽的风格。

也有的在砖造塔的外面镶贴琉璃砖瓦而成为琉璃塔，例如：河北承德须弥福寿之庙和北京香山都有此类楼阁式琉璃塔。全部用石料建造的塔较少，其中大型的有福建泉州开元寺双塔，较小型的有浙江杭州的闸口白塔。

综观上面所介绍的佛塔可以看到一个现象，中国固有的楼阁和印度传入的窣堵波相结合而形成了中国的楼阁式塔，但在这种佛塔的

北方佛塔屋檐翘角

南方佛塔屋檐翘角

发展中，无论楼阁还是窣堵波，形式都有了变化，原来三四层的楼阁现在发展到七层、九层甚至是十几层，所以在总体形象上有意地把每一层的宽度由下至上逐层减小，使塔的外轮廓呈现出一条斜线或者曲线；同时把每一层的高度从下至上也逐层降低，通过这样的手段大大地加强了塔体向上的透视感，使佛塔更显得高耸。置放在塔身之上的窣堵波也不是简单的那种半圆形的覆盆状了，它的形体被加高，在覆盆之上增加了多层的、含有佛教意义的相轮和宝盖等部分，在造型上或硕壮，或尖峭，注意与塔身、塔顶的结合，使之成为整座佛塔不可分割的一个部分。除此外，无论是木构，还是砖、石建造的楼阁式塔，仍都保持着中国北方与南方建筑造型上的不同风格，例如每层楼屋角的起翘，北方塔显得平缓，而南方塔显得高耸；塔顶的塔刹，北方塔显得比较硕壮，而南方塔则显得尖峭。总之，经过工匠在长期实践中的不断创造，佛塔已经不是楼阁和窣堵波简单的相加重叠，而是相互融合成为一种新的佛塔形象。

多姿多态的佛塔

中国地域辽阔，民族众多，历史悠久，所以在全国各地除了楼阁式的塔之外，还能见到其他不同形式的佛塔，主要有以下几种样式：

密檐塔

砖造的楼阁式塔外表完全用砖造出木柱、木梁、木构出檐、木门窗的形式，在塔内也用砖砌造出楼梯，可以登至塔上，也有的在塔内用木结构的楼板与楼梯。这样的砖塔在外形上逐渐发生了变化，主要是将楼阁底层加高，而将以上各层的高度减小，使各层屋檐呈密叠状，使全塔分为塔身、密檐和塔刹三个部分，这样的塔称作“密檐塔”，它可以说是从楼阁式塔演变而来的一种新的佛塔形式。

这类密檐式塔留存至今最早的是河南登封的嵩岳寺塔。此塔建造

佛塔形式图

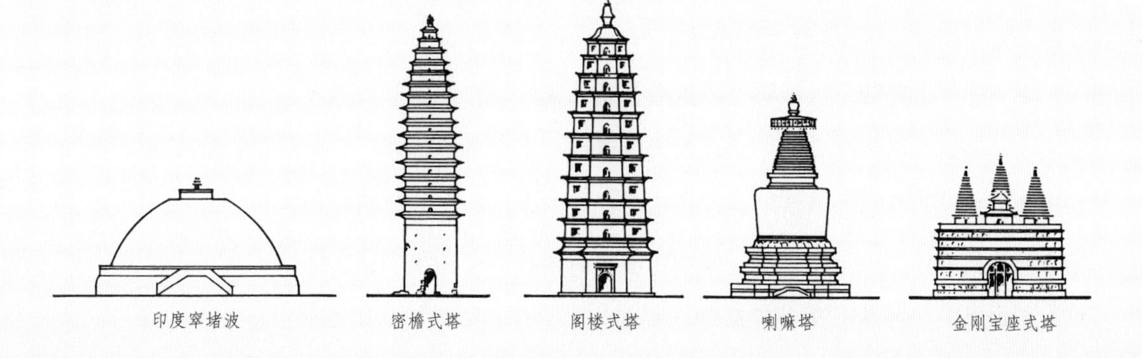

左：河南登封嵩岳寺塔
中：陕西西安小雁塔
右：云南大理崇圣寺千寻塔

于北魏正光四年（523 年），塔高约 41 米，塔身外呈现 12 边形，内部为 8 边形。塔身高二层，下面有一层很低的基座，塔身以上为 15 层密檐，顶部为石造的塔刹。奇怪的是这种 12 边形的密檐塔在全国再未发现而成为孤例。唐朝留下的这类密檐式塔较多，陕西西安的小雁塔（建于 707 年）、云南大理崇圣寺千寻塔（建于 824 ~ 839 年）、河南登封法王寺塔都是这个时期的砖塔，平面为方形。这种塔多数为砖造的塔身，中间为上下相通的空筒，用木结构架设各层的楼板和上下的楼梯。其中小雁塔还有一段神奇的传说：1487 年地震，该塔从上到下被震裂，裂口最宽处有一尺，但 1521 年在一次大地震中，决裂的口竟然又被震合了。小雁塔历时千余年，经过 70 余次大小地震，最上两层被震毁了，原有的 15 层密檐如今只剩下 13 层，经过修缮加固，如今仍保留了 13 层的残损状。

宋、辽、金时期，这种密檐式佛塔在北方盛行，它们的形式与唐朝的这类佛塔有所不同，其中北京的天宁寺塔是这类塔的代表。天宁寺塔建于辽代，平面为八角形，塔内实心，塔的下部为台基与须弥座组合而成的基座，座上为塔身；塔身每面都有角柱、梁枋和门窗，还有附在塔身上的菩萨、天神等雕像。塔身以上为 13 层密檐，每层屋檐下都有成排的斗拱支托出檐，最上面以塔刹结束。整座塔从塔刹、密檐、塔身到基座，从出檐、斗拱、门窗到须弥座和菩萨、天神的雕像，全部都是由砖筑造和雕刻出来的，所以砖塔好比是一座大型的砖造佛教艺术品。这种完全是用砖筑造的八角实心塔成了这一时期北方密檐式佛塔的典型样式，辽宁辽阳白塔、辽宁北镇崇兴寺双塔都属这种类型。

无论唐朝的密檐塔还是辽代的八角实心密檐塔，除了很注意塔身的细部装饰以外，还都特别注重对佛塔整体外形的塑造。位于下部的塔身力求造型端正，而塔身以上占全塔最大部分的密檐则随着高度将每一层的出檐大小都往里做不等量的递减，从而使塔的外形成为富有弹性的曲线，直至塔顶，以高耸的塔刹作为结束。除此之外，密檐的每一层檐口两角都微微翘起，云南大理崇圣寺千寻塔的每一层檐口都做成一条连续的曲线。经过这些处理，使比例粗壮的北方砖塔硕壮而不显笨拙，比例瘦长的南方砖塔高挺而不显尖峭。如果单从佛塔所具

左：河南登封嵩岳寺塔身曲线造型

中：北京天宁寺塔

右：天宁寺塔局部

千寻塔密檐曲线造型

有的佛教象征意义上看，他们本不需要做这样细致的造型处理，但是古代工匠却精心地这样做了，他们将佛塔当作一件艺术品，精益求精地塑造塔的整体与细部，一方面表现了他们虔诚的求佛心境，另一方面又使这些佛塔更具神韵、更富有佛教的感召力。

喇嘛塔

这是在藏传佛教地区盛行的一种塔，因为藏传佛教又称喇嘛教，所以称为喇嘛塔。塔的形状是下部为须弥座，座上有平面为圆形的塔身，再往上是多层相轮，最上面为塔顶。这种塔直接由印度传入，因为它还没有受到汉族文化的影响，所以比较多地保留着“窣堵波”的形式。

元朝统治者重视喇嘛教，因而这种喇嘛塔得以传到内地，北京妙应寺白塔就是这一时期建造的。白塔建于元至元十六年（1279 年），来自尼泊尔的匠师阿尼哥主持设计建造，应该说比较真实地保持了喇嘛塔的典型形象。塔下部为两层折角方形的须弥座，圆形塔身上为 13 层相轮，再往上有宝盖和一座塔形的小顶，全塔总高 50.86 米，

左：北京妙应寺白塔

右：山西五台山喇嘛塔

全部为砖筑造，外表除总体造型和铜质的宝盖外几乎没有什么细部的雕饰，全塔为纯白色，总体造型深厚而富有气势。在四大佛山之一的五台山台怀镇也有一座这样的喇嘛塔，塔高约 50 米，洁白浑宏的塔身屹立于四周建筑之中，在周围青山翠屏的衬托下，成为五台山寺庙区的标志。

这种喇嘛塔也常作为出家僧人的墓塔而立于寺庙之旁，它们的体量不大，或单座或多座而成为塔群。喇嘛塔都保持有塔基、塔身和塔顶三部分的基本形状，但每一部分的形式并没有统一的规范。塔基有一层或两层的，有方形的、折角方形或圆形的；塔身都为圆形，但比例也有扁平、方或瘦长之分；塔顶形式更加多样，它们的形象在统一中又有变化。

金刚宝座塔

这也是来源于印度的一种佛塔形式。在释迦牟尼得道成佛的印度陀伽耶建造了一座纪念塔，它的形式是塔的下面有一巨大宝座，座上建有五座小塔，分别供奉佛教密宗金刚界五部主佛的舍利，所以称

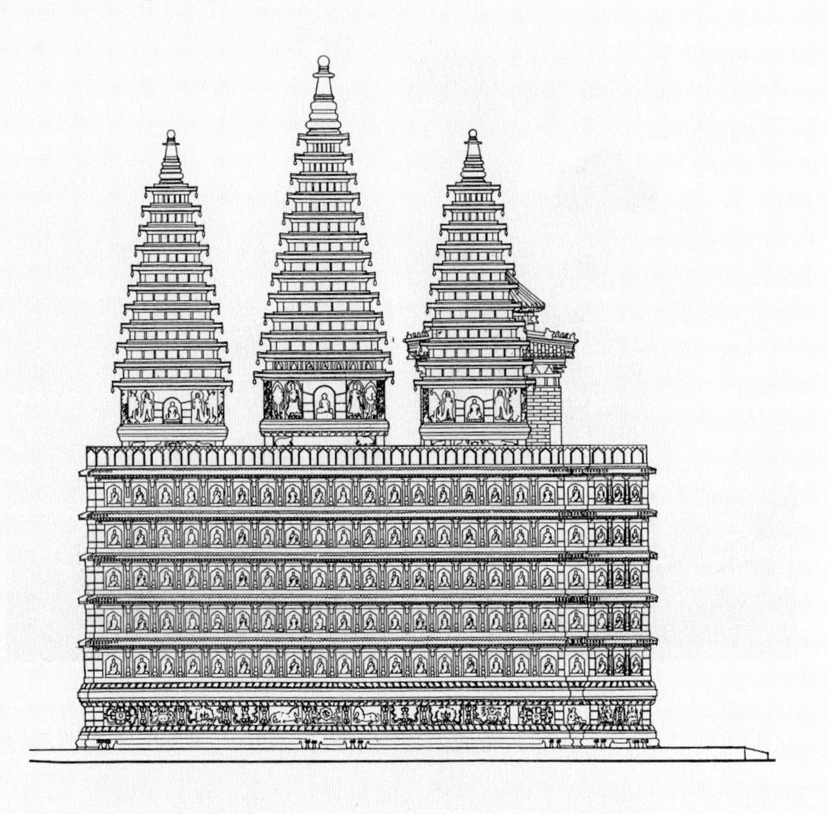

北京大正觉寺佛塔图

为金刚座宝塔。在中国目前发现最早的是北京大正觉寺的金刚宝座塔，该塔建于明成化九年（1473 年）。塔下的宝座呈长方形，南北长 18.6 米，东西宽 15.7 米，高 7.7 米，四壁上下分作六层，最下层为须弥座，座上刻有佛教内容的石雕，以上五层均刻着成排的佛龛，宝座为砖造，外表包以石料。宝座之上立着五座石造的密檐式塔，中央塔有 13 层密檐，高约 8 米，四角小塔略低，均为 11 层密檐，高约 7 米。各塔的表面布满了佛教内容的石雕。

北京还有两座著名的金刚宝座塔。一座在碧云寺，建于清乾隆十三年（1748 年），呈大“品”字形，座上后部是五座密檐式石塔，一大四小。座上突出的前面部分又有一座小的金刚宝座塔和两座小型石造喇嘛塔，所以这座塔可以称为塔上加塔的金刚宝座塔的组合形式。宝座四壁和各座小塔身上均有佛教内容的雕刻装饰，宝座四周还围着石雕栏杆，从整体到细部都显得很华丽。碧云寺地处北京西郊的香山，寺庙顺着山势布置建筑，这座金刚宝座塔居于寺庙顶端最高

左：北京碧云寺佛塔

右：北京西黄寺金刚宝座塔

处，两侧青山环抱，在一片绿树丛中显得异常突出。另一座是西黄寺的清净化城塔。清乾隆四十五年（1780年），西藏班禅额尔德尼六世来北京为乾隆祝寿，暂住西黄寺，后来病逝于北京，清朝廷特在寺中建造班禅六世的衣冠石塔以作纪念。塔宝座高3米，座上中央主塔为喇嘛塔，四角配以四座经幢形小塔。塔上石雕集中于中央喇嘛塔的基座和塔身上，雕刻十分细腻。在宝座的南北方向各有一座石牌楼，

左：碧云寺佛塔宝座

中：宝座上的小塔

右：西黄寺金刚宝座塔雕饰

它们与塔连为一个群组，增添了佛塔的气势。

在内蒙古自治区呼和浩特市慈灯寺也有一座金刚宝座塔，建于清雍正五年（1727 年）。在高耸的宝塔座上立着五座四方形的楼阁式塔，宝座和塔均为砖造，在宝座的四壁和塔身上都满布雕刻，而且在塔的各层屋檐和塔顶都用了黄、绿二色的琉璃瓦，使塔显得很华丽。

这种宝座加小塔的基本形式，经过古代工匠的创造，使它们也有了不同的风格与式样。北京的大正觉寺塔与碧云寺塔相比，其间有时代风格的不同，前者总体深宏而单纯，后者总体复杂而华丽。与碧云寺塔同时期的西黄寺塔，在风格上也不相同，西黄寺塔在总体造型和细部装饰上都显得更为简练。呼和浩特市的慈灯寺塔则更具有地区的民族风格。

缅式塔

在南传佛教寺庙中的佛塔与汉族佛寺塔具有完全不同的形式，因为它是直接由缅甸、泰国等地传入，所以称为“缅式塔”。其中最著名的是云南景洪的曼飞龙塔。此塔建于 1204 年，在八角的基座上立着一座宝塔和四周八座小塔，塔身均为圆形，上下分为几段，粗细

左：内蒙古呼和浩特慈灯寺塔

右：慈灯寺塔宝座

相间，很像细长的葫芦，顶上有尖锥状的塔刹。塔身为白色，塔刹贴金，刹尖有几层铜质的宝盖，中央主塔高 16.3 米，它的四周围着 8 座高约 8 米的小塔，形成一个群体，总体造型挺拔而秀丽。

另一座曼听佛寺塔也在云南景洪，它是在方形的须弥座上，中央

上:（左）云南景洪曼飞龙塔

（右）曼飞龙塔基座

下：景洪曼听佛寺塔

左：云南德宏允燕塔（昆明民族园中复制品）

右：允燕塔塔刹

安置一座大塔，四角安置四座小塔。这五座塔的塔身平面都是八角形，由宽窄不同的形体上下叠加，有如两层须弥座相叠而成，顶上收缩成尖锥状的塔刹，它们的形象相似，只是体量大小不同，中央主塔稳重，四角小塔瘦削，全身上下洁白，加上那五座直冲青天的锥体尖刹，使总体造型在稳重中不失秀丽。云南德宏有一座允燕塔，在多层须弥座上，由中央一座主塔和四周 40 座小塔组成。大小塔身都是圆形，下大上小，好像一只铜铃，上面由多层相轮收缩至锥状塔顶，顶上覆盖着一座宝盖成为塔刹。基座和塔身均为白色，塔身与基座之间和相轮上端都有莲瓣装饰，用金属制造的塔刹，布满了镂空的花纹，四周都悬挂着铜铃。这洁白的塔身和银色的塔刹在蓝色的天空下显得更加纯净与华丽。风吹铜铃响，所造成的气氛足以使人感受到佛的法力。

我们可以比较一下藏传佛教中的喇嘛塔和南传佛寺里的佛塔，它们都是直接由印度、尼泊尔和缅甸、泰国分别传进来，都没有受到汉族传统文化影响，都比较多地保持着佛教窣堵波的原型。它们也都是由砖筑造，塔身洁白，但是它们的造型却大不相同，喇嘛塔浑厚而

山西五台佛光寺唐代墓塔

稳重，南传佛寺塔秀丽而灵巧，这就是因地区和民族的不同而产生的差别。

单层塔、花塔及其他

在各地寺庙中也可以看到一种单层的塔，唐朝留存下来的几座单层塔多为僧人的墓塔，它们多数为砖造，也有用石料建造的，平面多为正方形，也有六角、八角和圆形的。山西平顺海慧院明惠大师塔为一座石造的墓塔，建于 877 年，塔方形，它的基座、塔身、塔刹三

立面　山西平顺明惠大师塔

0 0.5 1米

方形　北京房山云居寺小塔

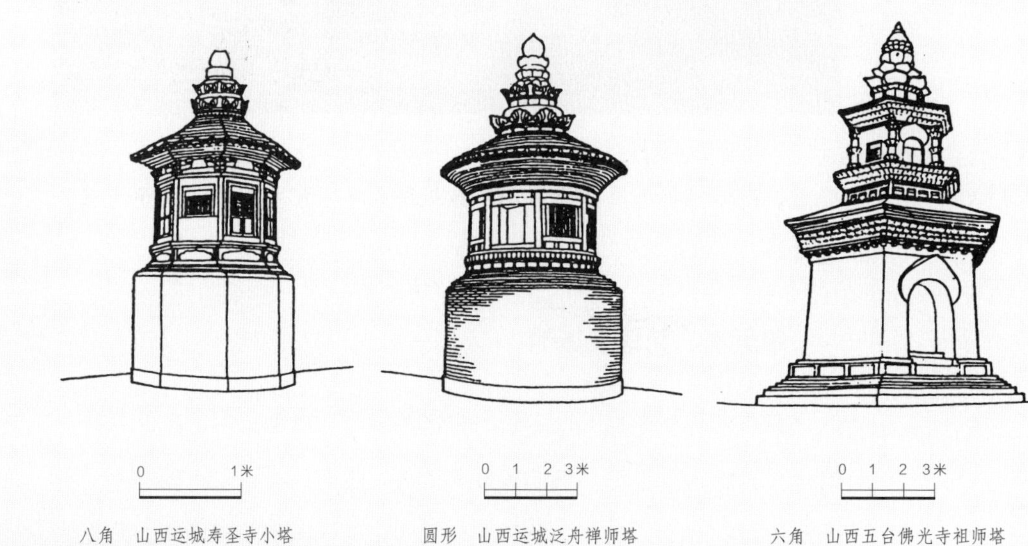

八角　山西运城寿圣寺小塔　　圆形　山西运城泛舟禅师塔　　六角　山西五台佛光寺祖师塔

唐代单层塔图

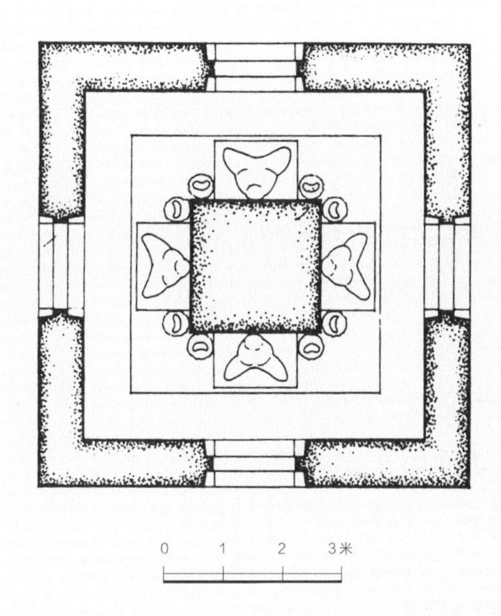

山东历城神通寺四门塔平面图

部分几乎同高，但由于外观造型和细部雕饰的不同处理，使塔的总体比例保持匀称而端庄。这类塔无论是方形、六角、八角还是圆形，在总体上都可分为塔基、塔身和塔顶三部分，只是各部分的高低不同，有的基座低平，有的比较高，塔的装饰多集中在塔顶部分，也有不是墓塔的单层塔。山东历城神通寺的四门塔，建于611年，方形平面，面宽7.4米，塔高约13米，全部由石料建筑，四面都有门，塔内中

左：河北正定广惠寺花塔

右：广惠寺花塔局部

央为一方形石柱，柱的四面各有一座佛的雕像正对塔门，这是一座真正供信徒朝拜的佛塔，塔外部除塔刹上有一点雕刻装饰外，其余部分都由平直的石料砌造，形象简洁而朴素。

在河北等地区还有一种花塔，它的特征是在砖造的楼阁式或密檐式塔的上面部分，外表满布着砖雕的小佛塔、仙人、狮子、象、莲座等，这些与佛教相关的形象密集在一起，远观如盛开在塔上的花朵，故称为花塔。河北正定一座建于宋金时期的广惠寺塔就是这样的花塔，在八角形的塔身第三层与塔刹之间的一段，四周满布砖雕，远望如花。

在宁夏回族自治区青铜峡的山坡上有一座规模很大的喇嘛塔群，它是由 108 座小喇嘛塔组成，由最顶端的一座，接 1、3、5、7 直至最下层的 19 座，其中的 3 座和 5 座各为两排，从上至下共计 108 座，形成等边三角形。这些塔的大小是越往上越大，这样可以避免人眼看物体越远越小的透视误差，一眼望去，这众多的喇嘛塔远近似乎都一样大小。

北京郊区花塔

宁夏青铜峡喇嘛塔群

山河塔影

自从佛像进入佛寺的殿堂之后，佛殿代替了佛塔在寺庙中的中心位置。但是塔毕竟是佛教的一种标志性建筑，它有很大的宣扬和招引作用，所以各地的佛塔不但很注意形象的塑造，而且还十分讲究塔所处的位置，以便更充分地发挥塔的标志性作用。

北宋咸平四年（1001 年），僧人自天竺取回佛舍利，在河北定县（今定州）开元寺专门建塔供奉，前后经历 50 年方建成。塔为楼阁式，全部为砖筑造，高 11 层，84.2 米，为我国现存最高的砖塔，塔内有砖筑的楼梯可登至顶层。当时正值宋朝与北方的辽国相争，经常爆发战争，定县位于两国相争的交战区，宋兵利用此塔之高，登塔瞭望监视辽军动静，所以此塔又称为“瞭敌塔”，佛塔因而兼备了军事上的功能。

公元 970 年，吴越在杭州开元寺建造了一座六和塔，开元寺位于钱塘江边的山上，在这里建塔一方面是供奉舍利，同时也有威镇钱塘江洪水之害的象征作用。六和塔原为 9 层，砖筑塔心，木结构的外檐，1153 年塔毁后重建改为 7 层。清光绪二十六年（1900 年）修建时把塔的木构外壳改为现在看到的 13 层。高近 60 米的六和塔因地处钱塘江岸，背山面水，所以很远处就能见到，夜晚塔上亮起明灯，成了来往江上船只的导航灯塔。

北京北海白塔

左：浙江杭州六和塔

右：自颐和园远望玉峰塔

北京皇城内北海中的琼华岛，自元朝就成了皇家御园，元、明两朝在岛上陆续兴建了一些宫殿。清顺治八年（1651年）在岛上修建佛寺永安寺，并在山顶上建了一座喇嘛塔，塔身洁白，故称为北海“白塔”。白塔本身高39.5米，加上琼华岛山高32.8米，从平地拔高共70余米。这座高耸的白塔背衬蓝天，四周有绿树相簇，巍巍然倚空而立，不但成为整座北海风景区的中心，而且还和邻近的景山山脊上的五座亭子共同构成了古都北京的天际轮廓线，在周围紫禁城一片金黄色宫殿和大片灰色四合院的衬托下，成为一处突出的景观，使古都北京倍增神韵。

北京西北郊皇家园林玉泉山静明园内有一座香岩佛寺，寺中佛塔特别选择建造在玉泉山主峰的顶部，因而名为“玉峰塔”。塔八角七层，楼阁式的砖塔，自塔底有楼梯可登至塔上。站在塔顶极目四望，西面的香山，东面的颐和园、圆明园等处的湖光山色尽收眼底。玉峰塔不仅成为玉泉山的制高点和全园的风景中心，而且还因其所处位置的突出而成为附近诸座皇家园林的借景，无论从香山静宜园的山顶，还是在颐和园的山脊、湖畔都能见到这座佛塔，因而成为著名的“玉峰塔影”景观。

江苏镇江市有一座临长江的金山，山上有佛寺江天寺，俗称金山寺，寺沿山势而建，寺中殿堂散置于山脚、山腰，有廊屋与台阶相连，独把佛塔建在金山顶上，取名慈寿塔。塔八面七层，砖筑的塔心、木结构的外檐，每一层都有阳台挑出，塔内有楼梯可登至各层，凭栏眺望，近处的城镇街市，远处的江水帆影一览无余。佛塔造型修长，加上那层层向天空翘起的屋角和尖峭的塔刹，更增添了宝塔的凌空气势，它屹立于临江金山之顶，成了镇江市的标志。

浙江杭州著名的雷峰塔建造在西湖边上的南屏山顶，原来是一座砖建塔心、木构外檐的多层楼阁式塔，从古人的诗文描绘中，可以知道这座佛塔的造型和所处位置都是相当美的。但是明嘉靖年间（1522～1566年），倭寇侵占杭州，放火烧毁了塔所在寺庙，雷峰塔的木结构外檐也全被毁掉而只下一座砖塔心屹立于西湖之畔。但是人们仍旧喜爱它、欣赏它。每当夕阳西下阳光斜照，这座残破的塔身被抹上一片金色，构成“雷峰夕照”的美景，成了西湖十大景观之一。直至20世纪20年代，雷峰塔心也最终倒塌，从此雷峰塔影从西子湖边消失了。但是到21世纪之初，现代杭州人又在雷峰塔的遗址上重建造了一座新的雷峰塔，尽管此塔非古塔，但“雷峰夕照”的景观又展示在人们面前。

佛塔在兴建之初，并不会知道它在佛教信仰以外的其他作用，它们屹立于江湖之畔、高山之巅，经过千百年历史的洗礼，使人们逐渐发现和认识到了它们的价值。佛塔成了观览风光的最佳景点；它们与山山水水组成了各具特色的景观，美化了大地；它们还能够兼具瞭察敌情和导航等多方面的作用；佛塔包含了比佛教更多、更为丰富的内容和价值。

江苏镇江金山寺塔

浙江杭州雷峰塔砖塔身

杭州新雷峰塔远景

广西桂林佛塔

佛塔的延伸

既然佛塔具有了更多的价值，佛塔的作用必然也得以延伸。

陕西西安的大雁塔不仅是唐朝留存下来的一座著名佛塔，而且也是古时长安市民登高观景的好去处。唐朝以科举取士，当各省举人齐聚长安，经过朝廷的会考和皇帝的殿试，考中了进士的都要登上大雁塔，在塔上题写自己的姓名以表得意之情，这“雁塔题名”成了文人仕官的雅兴，从而也引来了各方学士文人登塔抒情，留下不少有价值的诗词歌赋。一座佛塔成了文人抒发情感的场所，佛塔因此也包含了更多的人文内容。

佛塔能为大地环境增光添彩，因而在各地出现了一些单纯的风景塔、风水塔与某人某事的纪念塔。在中国长期以农业经济为主的封建社会中，生活在广大农村中的百姓如果要走出农村步入仕途，在商业经济极不发达的情况下只有靠苦读书，经过层层的考试而进入官府。所以百姓都盼望着村里能多出文才。依照风水学说，只要在村口的山上立文笔，或在平地建高塔都能构成文笔之峰，以保村里能文运亨通。于是在浙江建德新叶村村口立有一座高塔，六角形，七层楼阁式，高约 30 米，它不是佛塔，只是一座风水塔，它与附近的文昌阁一起起着促进新叶村文运的象征作用。

浙江武义郭洞村处在两山夹峙的山坳里，在村口的前方左右也有两座山峰，进村大道从峰下穿过，古人形容这山峰好比是狮子与大象，狮子性凶猛，大象力大而稳重，狮、象把门可以确保郭洞村的吉祥与安全。村民为了加强这种象征性的比拟，在西侧山峰上加建了一座三层高的小塔，更增添了村口如关口的形势。不论是文峰塔还是这座小塔，它们对村里的文运、吉祥只能起到象征性的作用，只能给村民一些思想情感上的慰藉，但是这些高塔以及与高塔相配的山峰、寺庙却组成一种景观，经过历史的沉积，它们往往成为一座乡村的标志，一处颇含人文内容的景点。

上：浙江建德新叶村风水塔

下：浙江武义郭洞村村口小塔

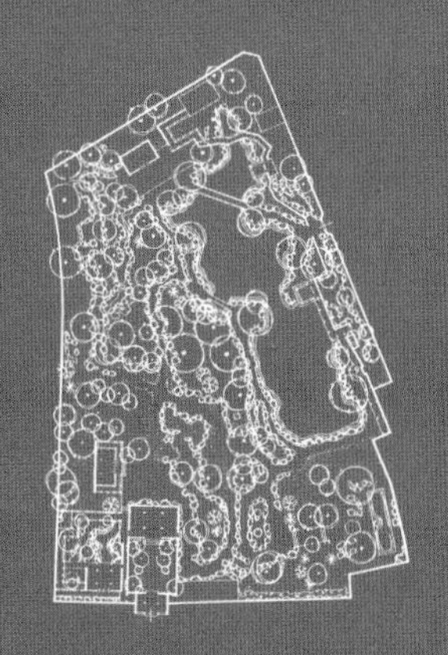

第七章 皇家园林

CHAPTER
SEVEN

园林是什么？在一定的地域里，运用技术和艺术的手段，通过改造地形、种植树木花草、营造建筑、铺设道路等措施创造出一处美的环境，在这里人们可以在身体和心灵上得到休息和陶冶，这种环境就是园林。

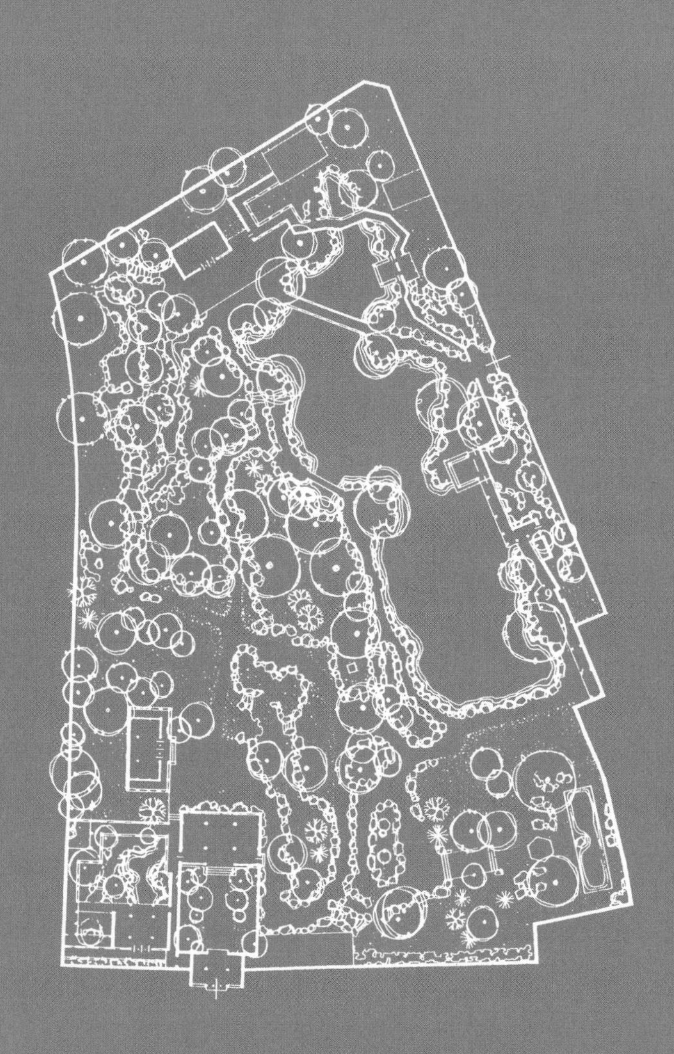

园林分类与特征

在中国古代，这样的园林很多。既有以山岳、江河湖泊等自然环境为主的风景园林，也有人工建造的皇家园林、私家宅园和寺庙园林。

祭拜山神是中国古代自然崇拜的重要内容之一。在群山之中，经过历史的筛选，产生了东、南、西、北、中的“五岳”，它们成为历代封建帝王祭祀山神的集中场所，经过长期的经营，五岳不但都建造了山神庙，而且也开发和完备了山区的自然景观，使五岳成为独具山

左：山东泰山

右：四川峨眉山

浙江楠溪江风景

岳之美的风景名胜区。除五岳外，还有安徽的黄山、江西的庐山等都具有突出的山岳之美，经过人工的开发，也成了著名的风景园林区。

在中国南方有不少以江湖水景为主的园林。其中有位于城市中的浙江杭州的西湖和江苏扬州的瘦西湖；有在城市之外的广西桂林的漓江和浙江永嘉的楠溪江流域。这些江河湖泊本身都有自然风光之美，有的青山与绿水相映，有的流水曲折多致，再经过人工开发，或营造村落于山麓河滨，或建造寺庙于山林之中，架桥铺路，使它们成为以水域景色为主的园林。

自秦始皇统一中国，经历了 2000 年的封建社会和无数朝代的更替，历代封建帝王开国之初，表现在建筑上，首先建造的是帝王的宫殿和与之相配套的坛庙礼制建；其次是营造自己死后的陵墓；再其次就是修建供皇家游乐的园林，所以在人工建造的园林中，规模最大、最讲究的就是历代的皇家园林。与此同时，也有不少王公贵族、朝中

左：江苏扬州瘦西湖

右：（上）浙江杭州西湖

（下）广西桂林漓江风景

皇家园林北京颐和园

私家园林苏州网师园

大臣和有权势的大地主开始在自己的住宅中建造园林，用堆山、引水、种植物、养禽兽创造出具有自然之美的环境，这就是私家园林。魏晋南北朝时期，文人士族开始有条件营造自己的宅园，发展至唐、宋时期（618～1279年），这种私家宅园已经十分兴盛。由于江南地区自古以来经济发达、人文荟萃，又有山水之便利、植物之茂盛，因而使这个地区的私家园林更为发达，如今在江苏的苏州、扬州、无锡和浙江的杭州一带留下了大批明、清时期（1368～1644年）的私家园林。

寺庙园林是指在佛教和道教寺观、伊斯兰教清真寺里的园林。佛教讲求清心寡欲、超凡脱俗；道教崇尚自然，主张潜心修炼；伊斯兰教追求清静。佛寺、道观多修建在远离闹市，四周僻静之地；清真寺内十分讲求环境的清静。所以僧人、道士都在寺观内外广植树木，引清泉，修石径，把周围环境整治得如同园林，使广大信徒在祭拜神仙

的同时又能欣赏到自然景观之美，从而使他们的身心得到净化。自古以来，寺庙受朝廷变迁之害较少，寺庙经济也有较稳定的保证，加以又有宗教文化作为内涵，因而使寺庙园林能够得到连续的经营和长久的发展，从而使普陀、五台、九华、峨眉四大佛山，青城、武当等道教建筑集中的山林不但成为宗教名山，同时也成为著名的风景名胜地，它们兼有山岳园林和寺庙园林之美。在新疆喀什的艾提卡尔清真寺和麻扎寺内，绿树围绕着礼拜殿，鲜花盛开在路旁，使清真寺也有了园林之美。

左：浙江普陀山的寺庙园林

右：新疆喀什阿巴伙加礼拜寺的寺庙园林

左：四川青城山寺庙园林

右：四川梓潼七曲山大庙寺庙园林

综观以上各类园林，它们有着什么共同的特点呢？它们共同的特点就是都具有自然山水的形态。山岳江湖的园林本身就是自然的山与水；而在人工建造的园林里也都用堆石、挖池、种植树木花草的方式营造出一种具有自然山水形态的环境，在这里的建筑也讲求与环境的和谐，使它们能够融于自然山水之中而不破坏这种环境。如果与西方古代园林那种十分规整的形态相比，中国园林的这种特点更加突出。人们可以看到一种有趣的现象：中国的古代城市是方正的，而园林却是曲折多变的；西方与中国相反，城市是曲折不定型的，而园林却是方方正正的。这种有趣的现象自然不是偶然的。

在西方的古代，城市多是自小到大自发而形成的。中世纪的西欧城市或以封建主的城堡为中心，或以军事要塞为中心，四周逐步扩大而成城市，道路多呈放射状和环状。以商业与交通业为主的城市更加自由，都以关口、渡口、要道为中心，城市形态更无定制。但与城市相反，西方古代园林却十分规整，以具有代表性的法国古典园林为例，宫廷、府第是规整的古典主义建筑，在它们的周围是园林，这里有大片草坪，有排列成行、修剪得十分整齐的树木，有成块成条的花

左：陕西神木城平面图

右：意大利佛罗伦萨平面图

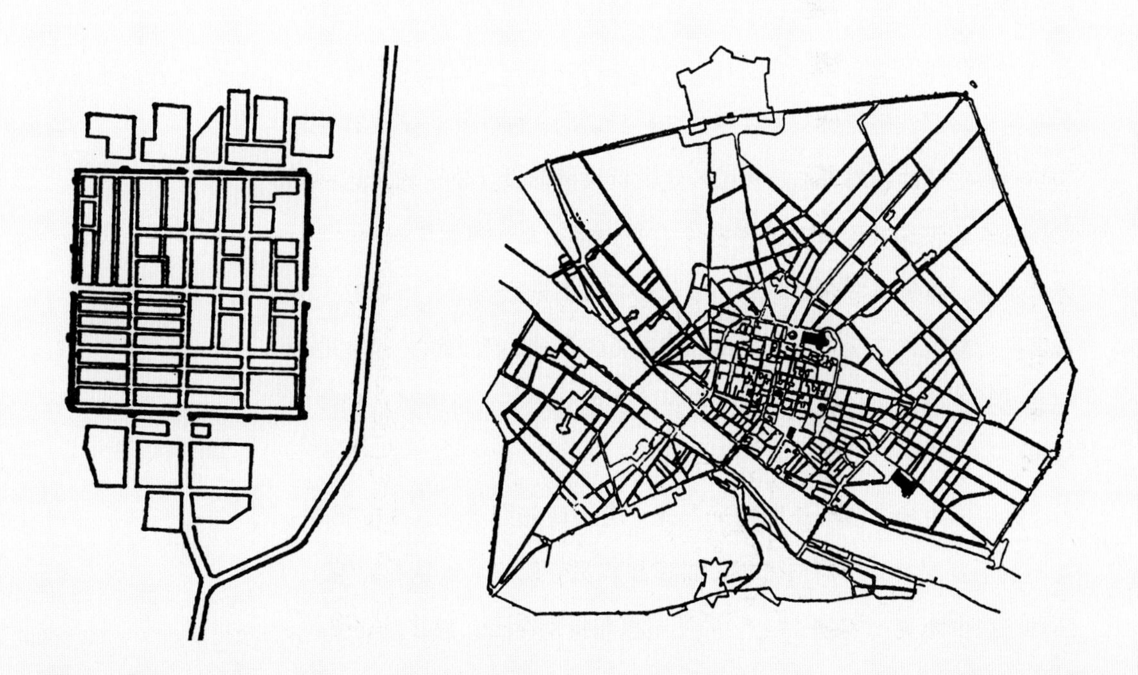

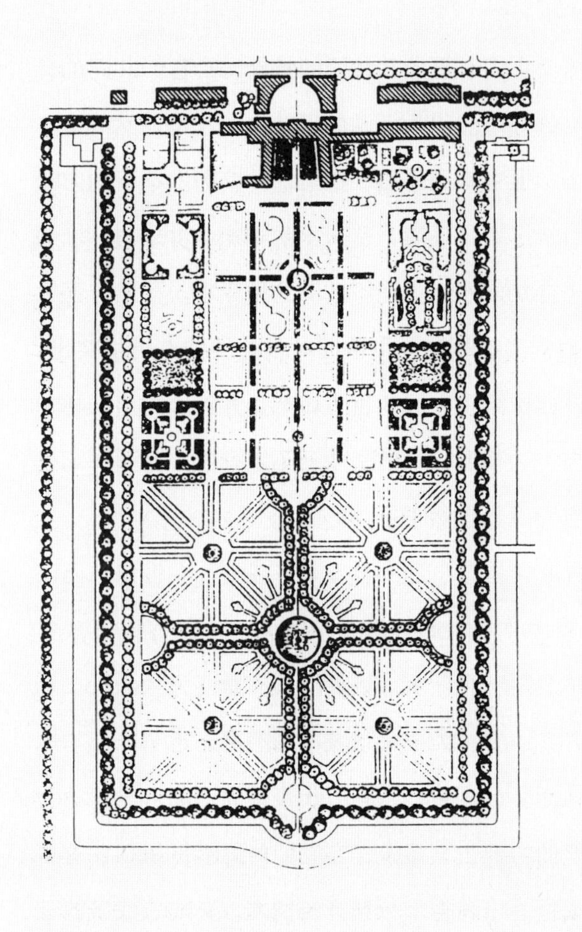

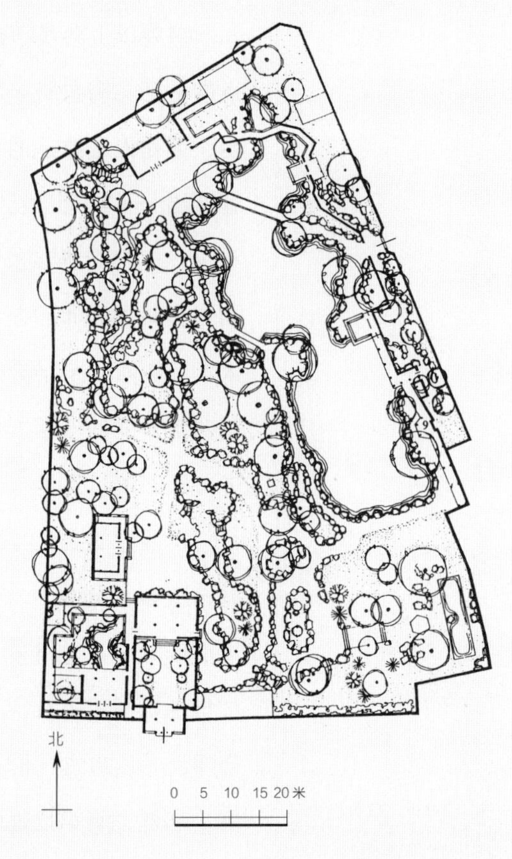

左：德国海伦豪森宫苑平面图

右：江苏无锡寄畅园平面图

坛，有水池、喷泉、雕像。而所有这些房屋、植物、雕像、水池都布置在一个开阔的空间里，井然有序。这是因为自古希腊到文艺复兴的古典主义，都认为美是一种秩序、一种和谐的比例，从一座建筑的总体到一根柱子的各部分都是按照一定比例关系而设计建造的。这种美学观念表现在园林里，就是将植物中的树木花草，建筑中的亭、台、廊、水池、雕像都按人的意志、按和谐的比例进行规划，所以它们的布局是规整的，花坛、水池、草坪都是几何形的，他们认为简单地再现自然并不是美，自然之物只有经过人工的处理与提炼方能达到美的境界。

在中国古代，由于长期处于封建社会，商业经济一直受到抑制，礼制统治着国家的政治与思想，封建集权贯穿始终。表现在建筑上，那种“以中为贵”“以正为上”的礼制思想特别突出，宫殿是规整的，陵墓、寺庙乃至城市里的住宅也是规整的，建筑布局都是中轴对称，重要殿堂、房屋都处于中心位置，以体现出君主集权、上下有序的意志。一组建筑群如此，一座城市也如此，下自县城、上至都城都预先把城市规划得方方正正，县衙、皇城、宫城都位于城市居中位置，城四周开设对应的城门，城市道路整齐划一，从城市到建筑一切都是有秩序和等级分明的。但是人们并不满足于这样的生活环境，远在公元前 11 世纪，在城市以外就出现了专供帝王狩猎取乐的苑囿，这是利用自然山水之地，围成一定范围，在里面有植物、鸟兽，帝王在这里打猎、休息、游乐，这就是中国最早的园林。这种自然山水、植物自然生长的环境具有很大吸引力，它们从城郊进入到城市，历代帝王开始在自己的皇宫里建造这样的环境，用人工堆山、挖池、种植物，创造出具有自然山水之趣的园林区，帝王游住其中，得到很大乐趣，乃至发展到清朝，皇帝不愿回到城里的紫禁城，平日也在园林中处理政务了。这种园林由皇宫扩大至仕官府第和文人住宅，形成中国的皇家园林和私家园林。规整的宫殿、陵墓、寺庙和具有自然情趣的园林共同组成了中国古建筑的珍宝，在世界建筑发展的历史长河中独树一帜。

德国慕尼黑皇宫园林

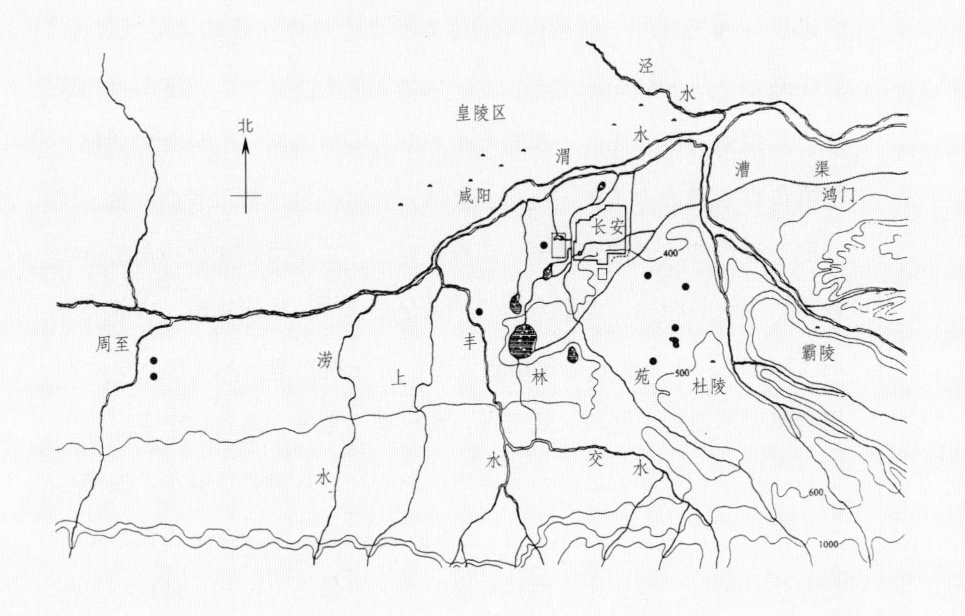

西汉长安宫苑图分布图

清朝皇家园林

中国古代皇家园林出现很早，帝王狩猎的场所苑囿可以说是它们的最初形态。秦、汉两朝统一中国成为封建王国，先后都在都城咸阳和长安兴建过规模巨大的皇家园林。西汉王朝在长安城之南建造的上林苑，四周围墙达130公里，苑中有8条自然河流贯穿南北，还用人工开凿出水面达150公顷。苑内建有宫殿建筑12处，苑中小园36处，栽培各种供观赏的树木和果木，饲养众多的珍禽奇兽，使上林苑成为集宫殿、园林、动物、植物之大成的巨大皇园区。唐、宋两朝在都城长安和汴梁城皇宫内外都建有皇家园林，它们的规模虽不及秦、汉时期的庞大，但造园的技术水平都有了很大的发展与提高。北宋皇帝徽宗亲自督促建造了皇园艮岳，这座位于汴梁城内宫城外的园

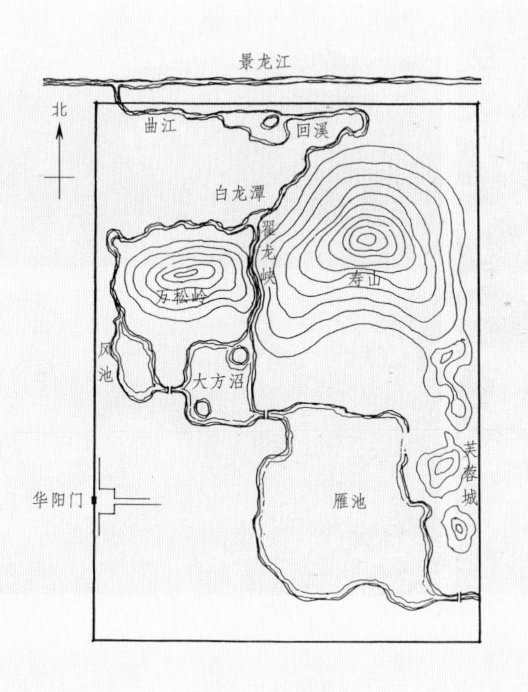

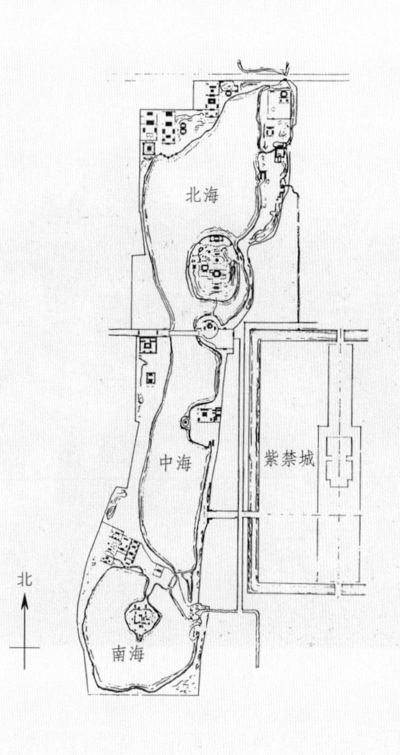

左：宋汴梁皇家园林艮岳平面想象图

右：北京清代西苑平面图

林面积虽不很大，但有山有水，山有主次之分，水有大小之别。山要依照杭州凤凰山之形，山中磴道要迂回盘曲。园内植物品种繁多，既有北方树种，又引入南方花树加以驯化，造成万松成岑、竹林成片。艮岳的建造反映了中国山水园林达到了很高的水平。

明朝都城北京的建设很注意园林的开发，把元朝大都城已有的琼华岛园林区扩大成为西苑，由三个水面组成的西苑成为北京皇城内最大的皇家园林。除此之外，在宫城紫禁城内还建有御花园。

清朝统治者自东北入关后全盘接收了明朝的皇城和紫禁城，也接收了大大小小的皇家园林。当清朝廷取得全国政局的统一，经济得到恢复与发展，国力强盛之后，开始了大规模的园林建设。他们在皇城西苑的琼华岛上建佛寺，筑佛塔，在湖水周边修殿堂，造园中小园，把西苑建设得更加完备。他们不满足于都城之内的园林，还开始进行城郊园林的经营。

在都城北京的西北郊，北有西山相环绕，拥有大片平地，而且地下水源丰足，挖地三尺即有水迹。元朝在这里定都时，即从西北郊寻

左：北京西苑北海静心斋

右：（上）北京香山

（下）静宜园

得水源而专门修筑河道向都城供水，所以这里是一处修建园林的良好地区，早在元、明两朝就陆续有所开发，在西部的香山、玉泉山，中部的瓮山、瓮水泊都建有寺庙，成为城内人郊游之所。明朝更有不少官吏、富商在这里建造宅园，成为一处私园集中的地区。清朝自康熙皇帝开始在这里进行了皇家园林的建设。

香山位于西北郊之西，为西山的一个小山系，山峰叠翠，山上树木郁郁葱葱，自然环境极佳，早在辽、金时期即在山中建古寺，元、明两朝继续有开发，建造了一些寺庙，清康熙年间（1662～1722年）在这里修建了香山行宫供皇帝临时游息之用（乾隆时期香山定名为静宜园）。玉泉山位于香山之东，为平地突起的一座不大的山峰，但山中泉水涌涌，经年不断，造园条件比香山更好，早在金朝就在山里建有寺庙和行宫，清康熙十九年（1680年）又在这里建御园，并将玉泉山定名为静明园。

康熙皇帝曾多次到江南地区巡视，当他饱览了江南秀丽的风光和园林之后，已经不满足于已有的静宜、静明二园，开始在西北郊寻新址建造新园。他选中的地方是明朝皇亲李伟的一座私园，位于玉泉山

玉泉山静明园远景

之东的平坦地区。这是一座完全用人工掘地成湖、堆土成山的人造山水园林，在这个基础上建成了一座新园——畅春园。从此之后，康熙皇帝一年大部分时间居住园中，连处理政务带休息、游乐，畅春园成为一座带有宫殿性质的离宫型园林了。在畅春园之北另有一处明朝留下的私园，清朝廷将它收归国有并赐给皇四子即后来的雍正皇帝，取名圆明园。雍正帝登位后把圆明园扩建成为一座御园，自己也常年居住园中。但是他在位仅 13 年，平日政务繁忙，对圆明园没有进行大规模的建设。1735 年乾隆皇帝登位后也常居圆明园，开始大规模地建设。乾隆帝酷爱园林，他曾 6 次巡视江南，遍游山川园林，见多识广，所以将江南许多著名景点都移植到圆明园，极大地丰富了北方皇家园林的景观内容，建成了圆明园 40 景，此后又在圆明园的东部及东南部加建了长春园与绮春园，完成了圆明三园的建设。为此乾隆皇帝还写了《圆明园后记》御文一篇，内容是说这座园林之宏伟与秀丽，并告诫后世子孙不要舍此而重费民力再创建新园了。但是在他心目中对此园和已有的其他皇园并不满足，他认为香山静宜园乃山景之园，有山而缺水；玉泉山静明园只有小型水景而欠气魄；圆明园三

圆明园“九洲清晏”景区

园是平地造景，有水而缺山；总之都有缺陷。他看中了一处有山有水之地，这就是位于玉泉山与圆明园之间的瓮山与瓮山泊。这里有自然的山与水，早在元朝就利用瓮山泊作为西北郊水源汇集地，待提高水位后输送进城，所以成了一座蓄水之水库，元、明两朝在这里陆续建有寺庙，渐成名胜之地。乾隆为了不违背自己所写那篇御文之告诫，他为新建园林寻找出两个缘由：其一是给自己母亲皇太后做六十大寿；其二是瓮山泊多年不修，已淤塞不畅，影响了给京城送水，亟须疏理。这自然是正当理由，于是在乾隆十五年（1750 年）在他亲自策划下开始了新园建设，经 14 年施工，于乾隆二十九年（1764 年）建成，取名清漪园，把园中瓮山改称万寿山，瓮山泊改称为昆明湖。至此，经康熙、雍正、乾隆三朝的建设，历时近百年，在北京西北郊建成了香山静宜园、玉泉山静明园、万寿山清漪园、畅春园、圆明园

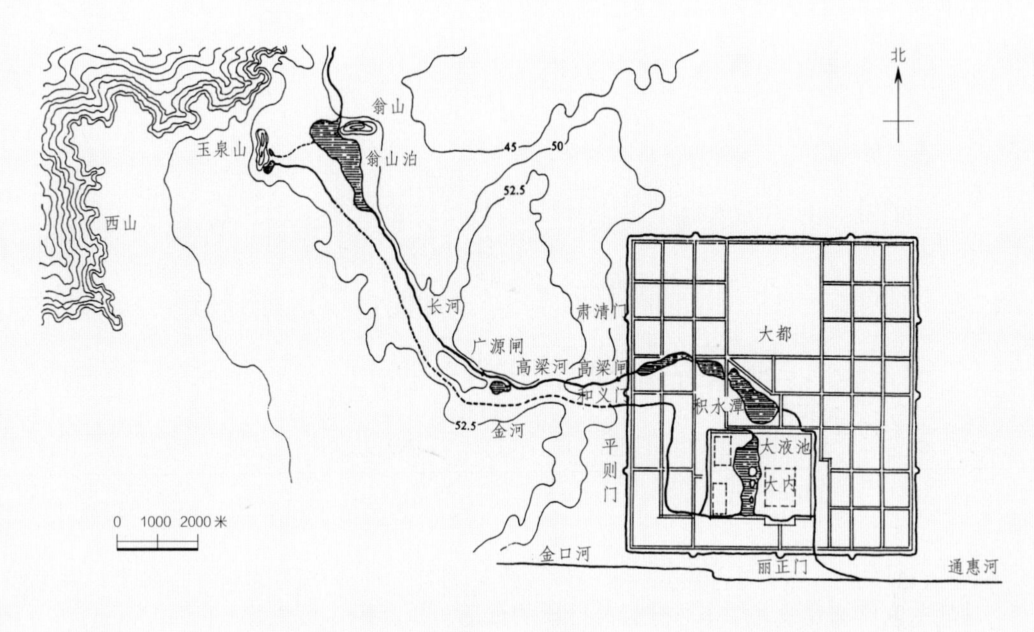

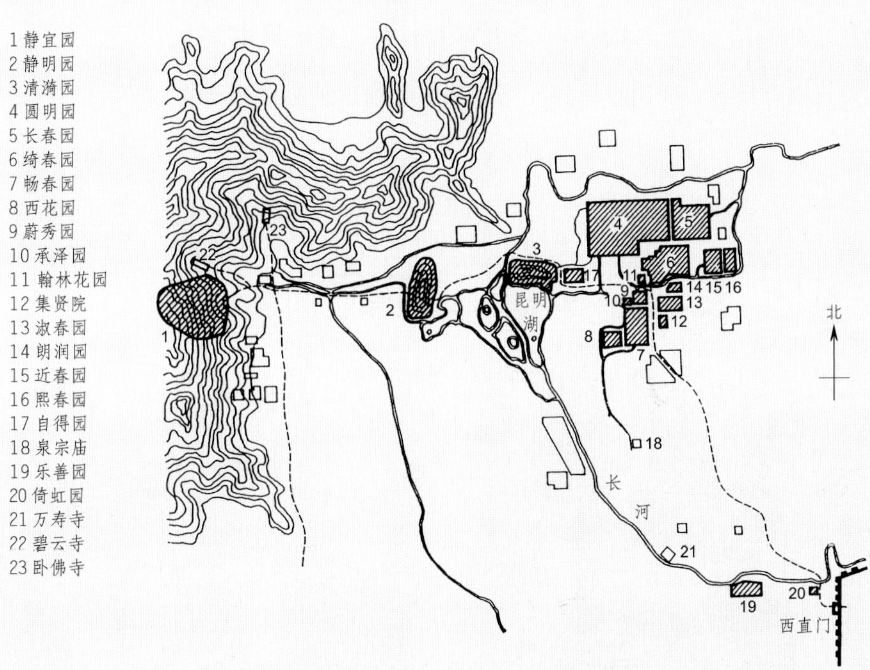

上：北京元大都及其西北郊平面图

下：清乾隆时期北京西北郊园林分布图

共计 5 座皇家园林，统称为“三山五园”。与这几座大园同时建造的还有一批专门赐给皇子、皇亲的小型赐园，例如圆明园附近的熙春园、勺园、朗润园等，使北京西北郊出现了一个迄今世界上最庞大的皇家园林区，它们表现了中国古代造园艺术的最高成就。

皇家园林实例

清朝皇家园林建设是中国古代园林建设的最后一个高峰，至今留存下来的承德避暑山庄和北京颐和园是其中保存最完好的两座，圆明园虽被英法联军烧毁，但遗址尚存，仍能从中看到这座园林当年的风采。

圆明园平面图

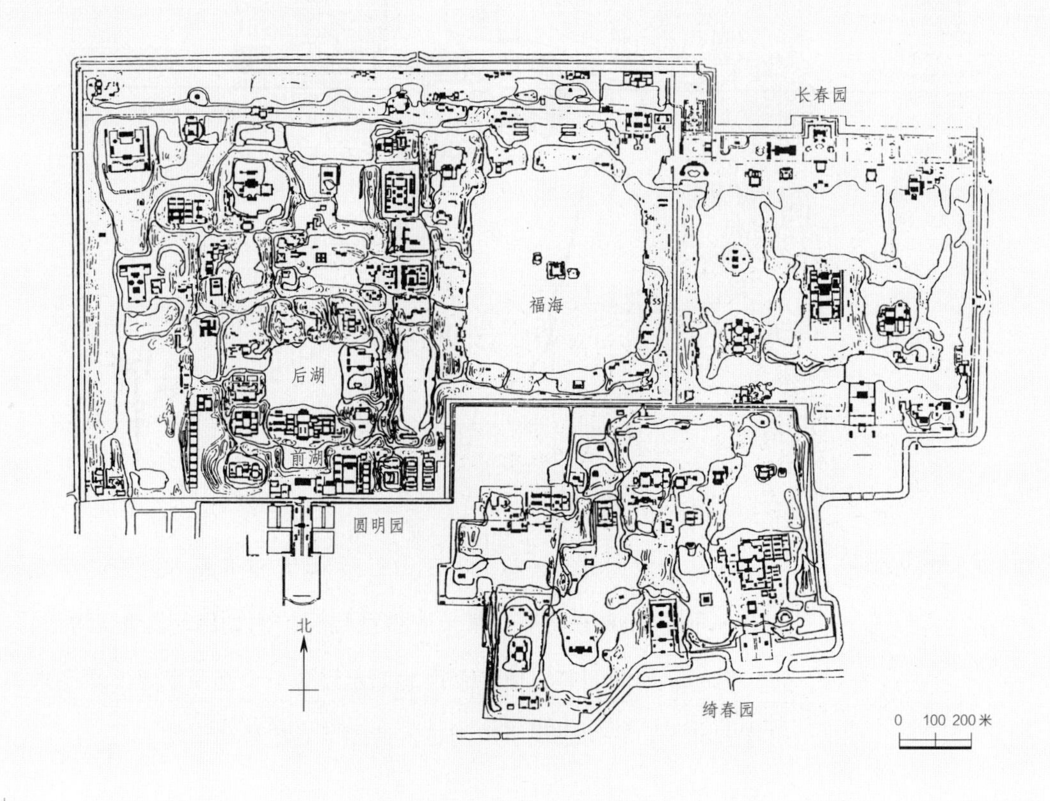

圆明园

圆明园自清康熙始建，经雍正、乾隆扩建为圆明园三园，成为西北郊最大的一座皇家园林。它占地350公顷，建筑面积16万平方米，相当于紫禁城全部宫殿建筑的面积。如果与静宜园、静明园、清漪园相比，圆明园最大的特点就是由人工自平地建造的水景之园。

圆明园地处平坦地，既无山又无水，唯一优势就是地下水源丰富，挖地三尺即出水，有的还成泉眼向地面涌水。根据这样的条件，在这350公顷的地面上，用人工挖出近一半面积的水面，并用挖出之土就地堆成土丘。水面以湖面为主，最大湖面为福海，南北长达600米，面积近30公顷；中型水面几处，长、宽也有200～300米之广；小型水面不计其数。贯穿在这些水面之间的是曲折迂回的小溪河，它们如同流动的纽带将全园大小水面连成一个完整的水系。人工所堆土丘体形虽不高大，但却连绵不断，迂回于水面、溪流之间，土

圆明园“天然图画”景区画

圆明园福海

丘虽多，但并没有破坏园内以水景为主的景观。

这些大大小小的山丘和水面将全园分隔围合成一个个大小不等的空间，在这些空间里建殿堂房屋，植树木花草而组成不同的景区。这些景区以功能区分有帝王朝政用的宫殿建筑群“正大光明”和“九州清晏”，有供奉祖先的礼制建筑安佑宫，有敬佛的舍卫城，有藏存图书的文渊阁，还有市肆买卖街，但最大量的还是供游乐的亭、台、楼、阁等景观建筑。在景点中有的以建筑为主，配以山水植物；有的以山丘、水面、植物为主，以亭、楼、台、榭点缀其中，组成具有不同景观特色的景区。

左：圆明园“方壶胜境”景区

右：圆明园水系

圆明园西洋楼“海晏堂”画

圆明园的建筑不但形态多样，在组合上也灵活多变。这里既有供朝政用的宫殿、敬祖拜佛的寺庙，也有住宅、书楼、商铺、游乐等不同类型的建筑。它们在形态上不拘一格，既有传统的长方形、正方形平面，也有“工”字、“中”字、“田”字、曲尺、扇面、“万”（卍）字等多种形式。园内亭子就有方亭、六角、八角、圆形、十字形，还有特殊的流水亭。廊子也有直廊、曲廊、爬山廊和高低跌落廊之别。园内 100 余座桥中有平桥、曲桥、拱桥、折桥等多种式样。在建筑组合上，并不完全按传统的中轴对称的合院式，而是依据山丘水势，或三合院，或开敞不围合，或成散点式布局，灵活而多变。

乾隆帝多次下江南，凡遇他喜爱之山水园林景观，即令随行画师临摹下来带回北京以便仿照，所以在圆明园里出现了杭州西湖的玉泉花港观鱼、三潭印月、曲院风荷、平湖秋月和江苏扬州瘦西湖、苏州狮子林及河上买卖街等著名的景点与景观，尽管这些只能是原景的缩小与示意，但也达到了皇帝要将天下各景皆入君怀的意愿。不但如此，在圆明园里还出现了一处完全由西方建筑组成的“西洋楼”景区。这是当时在清朝廷服务的几位西方传教士，把西方建筑介绍给皇帝看，引起乾隆的兴趣，决定在长春园建造一批完全西洋式建筑。它们是当时欧洲盛行的巴洛克风格建筑，全部用石料建造，外部充满石雕装饰，连室外树木花草也按几何图形栽植，这是在中国园林中第一次出现的西方建筑。

在350公顷的园林里，由100多处各具特征、相互独立又相互联系的小园组合而成的圆明园，外国人称它为“万园之园”。

承德避暑山庄

清康熙时期，在北京西北郊大建皇家园林，在河北承德也建造了一座更大的御园，这就是避暑山庄。

清朝统治者为满族，他们始终保持着祖先那种驰骋山野、骑马射猎、喜爱大自然的传统。入关之后，每年秋季皇帝仍要带领大队人马去塞外地区举行围场行猎。康熙帝在举行这种活动时，还特别邀请蒙古各部落首领参加狩猎以示安抚，增强民族之间的和睦团结。这种带有政治性的围场行猎活动规模很大，每次都有文武官员及万余人的军队随行，内容也很多，有狩猎、比武、召见、赏赐、练兵等一系列活动。因此围猎场地选在内蒙古草原，这里是一块传统游牧之地，面积达15000平方公里，气候温和，草木茂盛，野兽成群。但围场远距北京达350公里，如此庞大的队伍，行程如此之远，中途必须设立若干行宫以供休息和补充物资给养。行宫有简单的也有完备的，随着围场活动规模的日益扩大和重要性的日益加强，行宫的要求也越来越

清代《木兰围场狩猎图》

河北承德避暑山庄平面图

复杂，最后在当年热河省境内选中一块地方建立永久性的行宫，这就是避暑山庄所在地。

山庄这块地，东为武烈河，北面以狮子沟为界，在这范围里，西、北二面为大片山林，东北为一块平原草地，东部南面是一片低洼地，有热河泉水自地下涌出，又可东引武烈河水使之成为湖面罗列的水网地区，整座山庄就由这三个区域组成，共占地 564 公顷，为清朝所有皇家园林中面积最大者。这里林木茂盛、水网罗列、气候凉爽，实为避暑胜地，因而定名“避暑山庄”，经康熙、乾隆两代建造，建成了包括宫廷、湖泊、山岳、平原四个区域的又一座离宫型皇家园林。

宫廷区 位于山丘的南端，由左右并列的三组宫殿组成，其中主要正宫位于西，有前后九进院落，前五进为处理政务的殿堂，后四进为皇帝生活区，自山庄建成之后，清朝历代皇帝都来这里避暑。

山庄宫廷区正宫正殿

1860年英法联军侵犯至北京，咸丰皇帝避难至此，签订了丧权辱国的《北京条约》，第二年即亡于山庄，使清朝廷经历了两朝太后垂帘听政的特殊时期。慈禧太后也曾在山庄演出了一幕幕宫廷斗争的闹剧，平静的山庄成了清朝廷的重要政治场所。居中的松鹤斋宫殿群为皇后、妃嫔居住之地。居东一组宫殿专供皇帝观戏作乐，里面建有一座大戏台。

湖泊区 位于东南，占地43公顷，不到全园面积的十分之一，但这里地势平洼，水源丰足，经过人工规划经营，把这块不大的地方罗列了大小湖面八个，大小洲、岛八座，它们之间用堤、桥相连，做到大小相间不重复，极富自然之趣。湖泊区集中安置了全园半数以上的建筑，它们散布在各个洲、岛上，有的围合成规整的院落，有的临水散置，或亭或榭，四周堆砌山石，植树造林，组成不同的景观。其中除烟雨楼、金山亭等个别建筑为楼阁之外，其他皆为单层平屋，使

上：山庄湖泊区岛屿

下：（左）湖泊区土堤

（右）湖泊区石山、亭榭

整个湖区视野开阔。区内植物除少量松、柏常青树外，沿河堤皆植柳树，间以蜀葵、桂花、兰花等花木，水中广植莲、菱茭，由于热河泉水温度高，荷花可开至初秋。近处的湖，四周远近的山，山水相映，景观疏朗，颇具江南山水园林风光之美。

山岳区 位于园之西北部分，占地达山庄总面积的三分之二。山体外貌呈群峰叠翠、起伏连绵状，显得浑厚饱满。由于山体面向东南，阳光普照，山上林木茂盛、郁郁葱葱，故成为山庄内良好景观。山岳之内有四座突出的主峰，在峰顶各建一座亭子，分别为南山积雪、北枕双峰、四面云山和锤峰落照，它们的名称表现了所处的位置和所能观赏到的不同景观。冬季的南山积雪和北面的两座山峰成了湖泊区能见到的山岳景观，两座山峰的亭子成了两处景观的点睛之笔。

左：（上）山庄山岳区

（下）山岳区南山积雪亭

右：松云峡

在四面云山和锤峰落照亭中分别可以观赏到四周变幻的云霞中罗列的群山和夕阳西照下远处锤石峰的美景。在山峰之下有四条山峪，山峪道路两旁分别种植了成片的松树、梨树、榛树等，因它们不同的形态而构成松云峡、梨树峪、榛子峪等山道。四季常青的松林组成绿色长廊蜿蜒于山峪之中，春季一片白梨花构成“梨花伴月”的特色景观。除此之外，山岳中还建有不少小型园林建筑群组，厅堂亭廊依山就势安置于山林中，有小山径与山峪中山道相连。这些都给庞大的山岳区增添了人文内涵，景观更为丰富。

平原区　位于园之东的北半部，它东临界墙，西靠山岳，南接湖泊区，呈一狭长的三角形地带，面积约与湖泊区相等。区内为一块平原地，建筑很少，东部种植榆树数千，形成万树园，畜养麋鹿于其间，奔跑追逐，极具野趣。西部为一片草茵，保持塞外草原风貌为蒙古包安扎之地。乾隆十九年（1754 年）之夏，朝廷在这里举办盛大游园，平原上张起蒙古包，乾隆帝与蒙古族王公共进野宴，观看摔跤、马技、彩灯、杂技，夜间燃放烟火，通明的灯火，欢乐的乐声，连续五天五夜，取得了明显的政治与娱乐的效果。

山庄外八庙 沿着武烈河东岸和狮子沟北侧，在丘陵起伏的坡地上罗列着 12 座佛寺，其中较大的八座庙由清朝廷直接派僧人管理，因为它们地处京城之外，故称外八庙。外八庙沿东北两面呈环状包围着避暑山庄，这些佛寺完全是因为清朝廷政治上的需要而建造的。中国西北边区的西藏、内蒙古、青海一带几乎全民信仰喇嘛教，当地宗教领袖同时也掌握着政治与经济大权，实行政教合一的统治。清朝廷用武力征服的同时也十分注意用宗教来团结蒙、藏地区的上层人士以达到全国政局的统一。清康熙五十二年（1713 年），蒙古诸王公来承德祝贺康熙 60 大寿，特意建造了两座寺庙以资庆贺。从此之后，相继接待蒙、藏等上层人物，迎接边疆移民，平定边境叛乱等理由陆续建造了多座寺庙，而且这些寺庙为了更好地发挥政治上的团结、和睦作用，多采用了蒙藏地区喇嘛庙形式或者藏汉两地佛寺混用的形式，因而也成为具有显著特征的佛教建筑群体。它们与山庄一起，成为清朝廷十分重要的政治活动场所。

避暑山庄不但面积大，而且景区多，既有江南园林的水乡情调，又有北方山岳园林之宏伟，更具塞外风光之辽旷。它既为园林，又是

左：清代《万树园赐宴图》

右：平原区蒙古包

左：自山庄望普陀宗乘庙

右：普宁寺全景

政治中心，从而使它在皇家园林中占有特殊地位。如今山庄与外八庙一起被联合国教科文组织列入“世界文化遗产”名录。

清漪园

清漪园始建于清乾隆十五年（1750 年），经 14 年之久于乾隆二十九年（1764 年）建成，清光绪二十四年（1898 年）改名为颐和园。清漪园建造之缘由即为庆贺皇太后寿辰和疏浚水道，所以必须将瓮水泊加大加深，使之成为蓄水之大水库，取名昆明湖；同时用挖湖所得之土堆筑瓮山，使之加高，取名万寿山；将全园建为有宫廷、前山前湖和后山后湖三个大景区的皇家园林。

宫廷区 位于园之东部，这是因为乾隆皇帝常居圆明园，而圆明园位于清漪园之东，因此为了皇帝来往方便，宫廷区自然放在东部，其后紧接园内湖山景区。宫廷区由皇帝处理政务的仁寿殿和生活居住的玉澜堂、宜芸馆、乐寿堂四座建筑群组成。仁寿殿七开间带周围廊，殿内设有御宝座，很有宫殿的威势，但这里毕竟为园林内的宫廷，所以大殿没有高台基，不用琉璃瓦顶，殿前的庭院里摆着太湖石，种着松、柏、海棠等花木，显出一片园林典雅环境。

前山前湖区 这是清漪园最大、最主要的景区。瓮山泊扩大为昆明湖，它的形状仿照了杭州的西湖。西湖在南，北有孤山，这里万寿

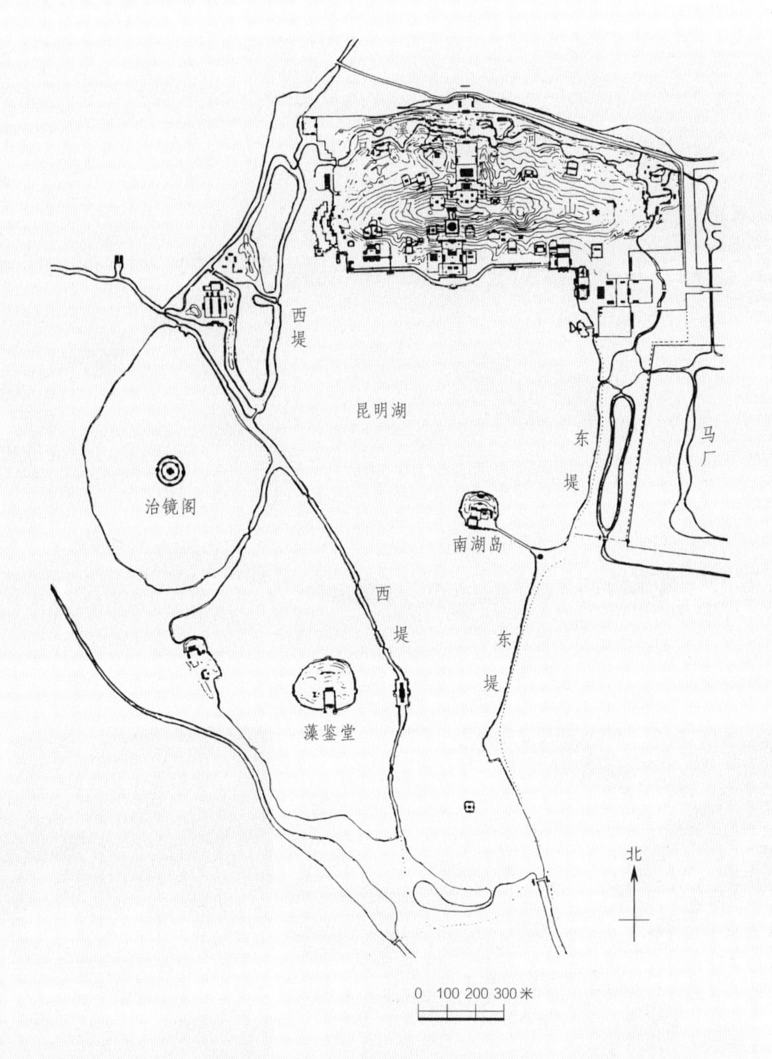

清漪园平面图

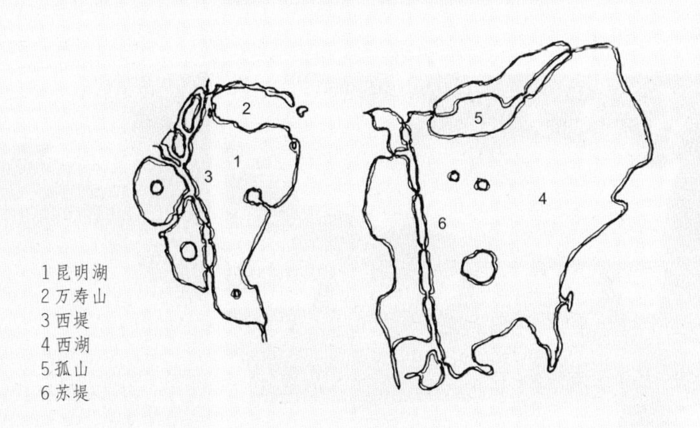

清漪园与杭州西湖的比较

北京颐和园鸟瞰

仁寿殿

乐寿堂内景

颐和园前山前湖区

昆明湖西堤

山居北，前临昆明湖；西湖有一条苏堤，堤上建有六座桥，这里也堆筑一条西堤，连堤的位置走势也与苏堤相仿，堤上也建有六座桥。在挖掘昆明湖时在湖中留出三座大岛，它象征着东海中蓬莱、瀛洲、方丈三座神山，为中国园林传统“一池三山”的布置。三座大岛上分别建有成组的寺庙或楼台亭阁建筑，使它们不但成为湖中的景观，而且也是观赏湖光山色的好场所。西堤上的六座桥，或是有亭子的亭桥，或是石造的大型拱桥，这些亭子有方形、长方形，也有六角形，重檐屋顶，彩绘的梁架，它们组成了湖上一道亮丽的风景。

万寿山经过人工堆筑，由原来不大的瓮山变为高出地面 60 米、东西长达 1000 米的山体。山体上的建筑按中轴对称形式安置，居中的一组由排云门、排云殿、佛香阁、琉璃牌楼、智慧海及左右配殿、

左：西堤豳风桥

右：西堤玉带桥

廊子组成，前为祝寿用的殿堂，后为佛教寺庙。在它们的两侧还有宝云阁与转轮藏两组佛庙，这些建筑依山势而建，由山脚至山顶，组成一组庞大的建筑群，坐北朝南居于万寿山中央，成为清漪园的主体。尤其是佛香阁，本身高达40米，八角平面四层楼，雄踞于山腰坡上，下有高大的石台座，上有琉璃瓦屋顶，形象十分突出，成为前山前湖风景的中心、清漪园的标志。在这组主体建筑的东西两侧，还有景福阁、画中游数组建筑及亭、楼类建筑，呈左右对称地安置在万寿山前坡上。它们或为单座或为群组，在四周松柏树衬托下形象鲜明，成为山上的重要景观。如果登至景福阁或伫立画中游楼阁上，则远近湖山尽收眼底。沿着万寿山南麓，由东至西有一条长达700余米的长廊，人行廊中，可见廊外昆明湖，一片湖光山色；在廊内则可依次望见万寿山上的一组组建筑，长廊仿佛把这些建筑串成一幅画卷；廊里，在

左：（上）智慧海、众香界牌楼

（下）长廊

右：（上）宝云阁建筑群

（下）画中游

万寿山上排云殿、佛香阁建筑群

转轮藏建筑群

颐和园后山须弥灵境佛寺

所有的梁枋上都彩绘着图画，一幅幅表现传统神话故事、著名戏曲场面、山水植物的画面连续不断。一条避雨遮日的长廊形成了一条观景读画的游廊和画廊，这在皇家园林中是独一无二的。

后山后湖区 后山本无湖，自后山脚至北园墙只有数十米距离，但就是在这块狭长地带，用人工挖掘出一条溪河，并将挖出的泥土在小河北侧堆筑成土山，把昆明湖水自万寿山西端引入，成为两山夹峙曲折多致的后溪河。溪河并不宽，但有意使它宽窄相间，宽处形成小湖面，窄处形成小峡口，船行其中，忽而在两山夹峙的河谷中，幽深曲折，忽而开阔。小桥、码头点缀其间。行至溪河中段，两岸店铺排列，这里有布匹绸缎店、鞋帽店、糕点铺、茶叶店、多种风味小吃店，一家接着一家，店门口挂着幌子，有的还立着牌楼，非常热闹。乾隆帝下江南十分喜欢苏州、南京一带的河上买卖街，现在特意在清漪园修建一条同样的河上街，所以称之为“后山苏州街”。当然这条苏州街只具有表演的功能，每当皇帝驾到，由太监、宫女充当临时买卖人往来于河街店铺之间，好不热闹，皇帝登龙舟一路行来，陶醉于此种喧闹之中，皇帝游完，表演结束，店铺关门，又恢复成一条僻静的河街。后山山坡的中段，建有一组喇嘛佛寺，采取藏族佛寺的形式，它也是为了显示朝廷尊重藏族、增强民族团结而建造的。佛寺建筑众多，依山势排列于山坡上下，成为后山的主体。除此之外，还有多座小型园林建筑散布在后山山林之中，位置都很隐僻。后山山脚是一条曲折溪河，两岸土山夹峡，山腰一条山间道路，两侧林木夹道，组成了后山后湖景区。如果与前山前湖相比，前山开朗而辽阔，后山幽深而寂静，它们形成鲜明对比，表现出造园家高超的技艺水平，使清漪园成为中国传统园林艺术发展到成熟时期的一个代表作品。

左：（上）颐和园后湖
（中）江苏苏州河街
（下）颐和园后湖苏州街
右：后山山道

名园遭劫

清咸丰六年（1856 年），英、法两国发动侵略中国的战争。1860 年，英法联军攻占北京，首先占领了北京西北郊，在他们眼前是一片富丽堂皇的宫殿园林，尤其圆明园是清朝历代皇帝常居之所，所以园内宫室存藏着大量珍珠财宝。英法联军司令竟下达士兵可以自由抢劫的命令，于是万余侵略军拥入圆明园，大肆抢劫财宝，进行疯狂掠夺之后，又放火烧毁房屋，大火连续两天两夜，16 万平方米的殿堂厅馆，除石料建造的西洋楼区之外，几乎全部毁于一旦。继圆明园之后，侵略军又连续抢掠，焚毁了清漪园、香山静宜园和玉泉山静明园。劫后的清漪园除个别砖石建筑之外，几乎被焚烧一尽，巍峨的

圆明园西洋楼谐奇趣被毁后的遗址

左：圆明园西洋楼谐奇趣

右：圆明园西洋楼远瀛观

佛香阁不见了，只剩下阁下的石台座；后溪河的街市消失了，只留下一个个商铺的石柱础。前后经百年建成的，世界上最大的皇家园林区，集中表现了中国园林艺术的精华，在短短的时日里，被列强侵略军肆无忌惮地彻底毁灭了，这是中国历史上的奇耻大辱。

19 世纪中叶，清朝廷进入同治、光绪时期，也就是慈禧太后两朝垂帘听政时期。先是同治皇帝，极力想恢复圆明园，但因历经战乱，朝廷财力不济，终未实现。清光绪十四年（1888 年），开始修建清涟园，也因财力有限，只修复了前山前湖宫廷区的建筑，经十年完工，并改名为“颐和园”以示为慈禧太后颐养天年之意。1900 年八国联军攻占北京，颐和园先后被英、俄、意大利等国侵略军进驻达一年之久，园内财物又遭抢劫，建筑装修被破坏。1902 年慈禧太后为了要在园内庆贺她的 70 大寿，又一次修缮了颐和园，这是封建王朝最后一次使用这座皇家园林。

新中国成立之后，这几座皇家园林都得到妥善的保护。全部被毁坏了的圆明园被定为“遗址公园”，将园内的农民及工厂、学校、机

左：被毁后的远瀛观

右：清漪园被烧毁后留下的佛香阁下石基座

关迁出园外，逐步恢复当年的地貌与水系，有重点地复建少量景区的建筑。颐和园内的昆明湖经多次挖掘清理，如今水量充足，水质更清洁；昔日通往城内的故道长河也经疏理而重新开通，成了一条新的观光线路；前山建筑多次修缮，后山买卖街及少数小型园林建筑得到复建；西湖区原来的耕织图、蚕神庙景区也重显昔日风貌。1998 年，联合国教科文组织批准颐和园列入“世界文化遗产”名录。

左：圆明园残桥

右：颐和园复建的蚕神庙

左：（上）圆明园整理后的水系

（下）香山静宜园复建的勤政殿

右：圆明园复建的鉴碧亭

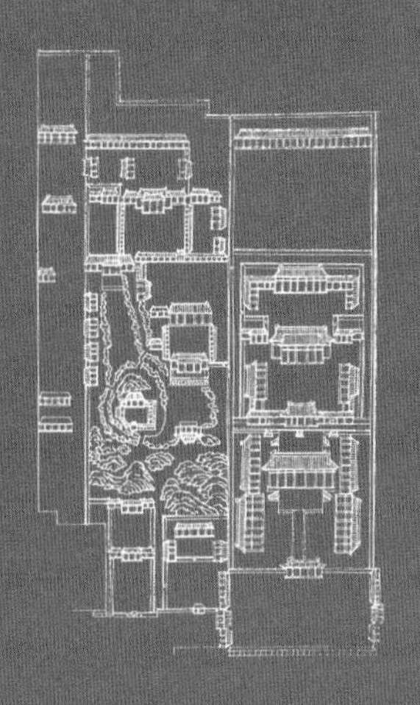

第八章 私家园林

CHAPTER
EIGHT

在中国古代园林中，私家园林是与皇家园林并列的一种重要类型。前章已经说过，早在两汉时期就有帝王之子、朝廷大臣和有财势的大地主在自己的宅中建造园林，从此开创了私家园林，但是这类私园真正走向民间还是在魏晋南北朝时期。由于战争频繁，社会不稳定，不少文人士族纷纷离开政坛，纵情于山水田园生活，他们离开城市，融入大自然环境之中，观赏、研究山水植物，一时间山水诗、山水画盛行，借咏画山水之景而抒发个人情感。这些士族除畅游自然山水之外，也在自家住宅中营造山林景象，以求自然田野之趣，因此大大促进了私园之发展。据文献记载，北魏时期的洛阳城内就有大量宅园。

唐朝是中国封建社会的盛期，政治稳定，经济发展，除了在都城长安建有多座皇家园林之外，在长安城内的大部分坊里都建有宅园。著名诗人白居易在洛阳城内自己的住宅中精心建造了园林，并专门写文章描述了宅园的情景。诗人的住宅占地不过十多亩，其中建筑只占三分之一，水池占五分之一，竹林占九分之一，其余还有小岛、桥、道路和植物，面积不大而内容不少，诗人居游其中，读诗饮酒，歌弦不断，优哉闲哉，愿终老于其间，可见这座宅园所富有的诗情画意。

明、清两朝的私家园林在继承唐、宋造园传统的基础上，在各地得到了广泛发展，其中以北京为中心的北方私园和以江南苏州，扬州、杭州为中心的南方私园发展得最为完备。

北京私家园林

宋画《晴峦萧寺图》

北京为明、清两朝的都城，集中有大批朝廷皇族与官僚，他们有钱有势，建宅必带园，形成了北京的宅园。清朝把皇族的亲王都集中在都城，让他们高官厚禄而不给实权。为了养这批亲王，在北京兴建了一批特殊的住宅，这就是王府。王府比一般四合院大而讲究，按王公贵族不同地位而分给不同等级的宅第，王府多附有园林，或在住房之后，或在一侧，王府宅院成了北京一种特殊的私家园林。

恭王府花园

恭王府是一座规模很大的王府，位于城内什刹海西侧。它的园林部分占地 2.8 万平方米，是北京王府花园中面积最大、保存最完整的。园林在住宅之后。全园分为并列的左中右三路，中路为主要部分，前为园门，在南北中轴线上，排列着水池、安善堂、大

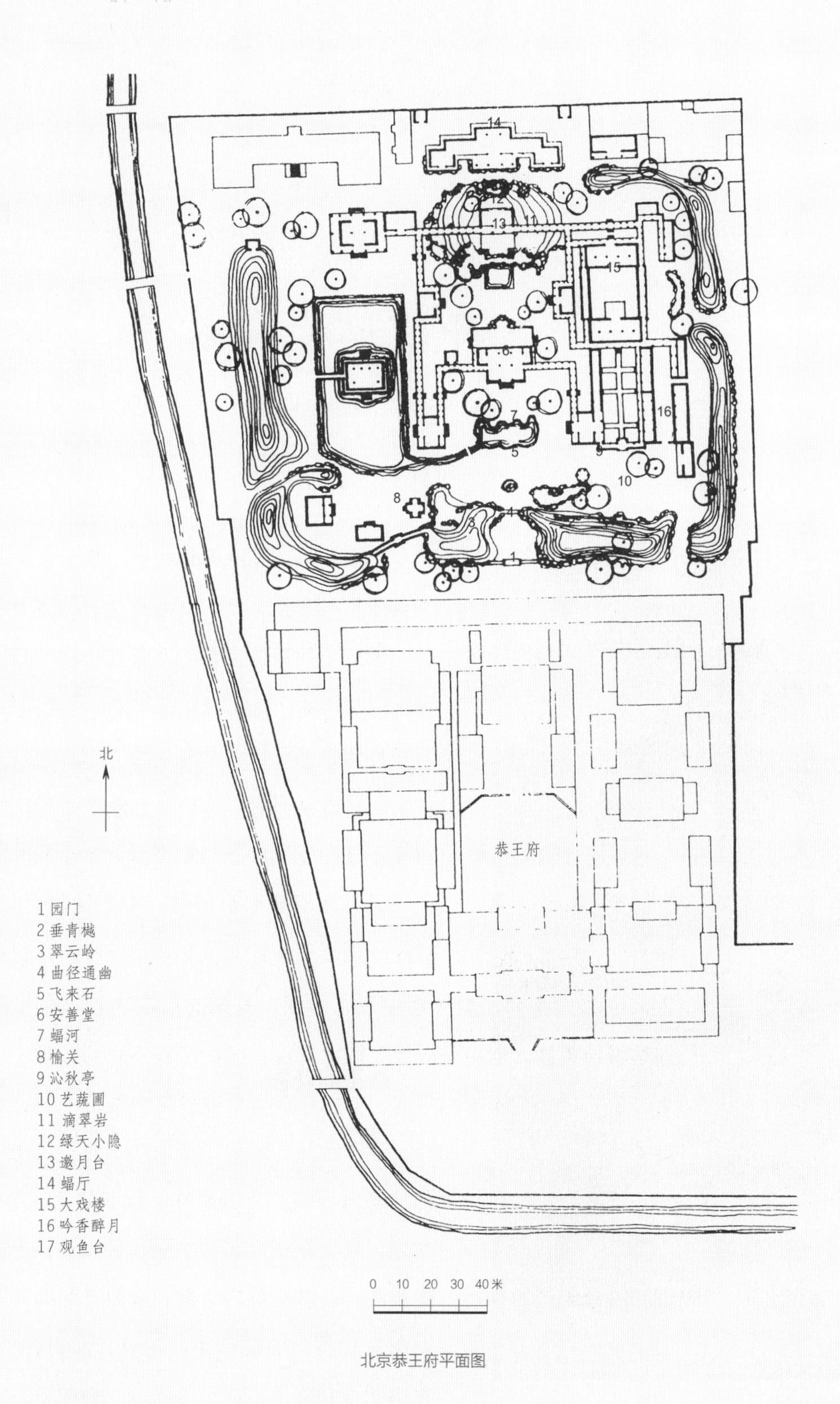
14
12
13
11
15
6
7
5
16
9
10
8
4
3
1
北
恭王府
1 园门
2 垂青樾
3 翠云岭
4 曲径通幽
5 飞来石
6 安善堂
7 蝠河
8 榆关
9 沁秋亭
10 艺蔬圃
11 滴翠岩
12 绿天小隐
13 邀月台
14 蝠厅
15 大戏楼
16 吟香醉月
17 观鱼台
0 10 20 30 40米

北京恭王府平面图

左:（上）恭王府安善堂

（下）恭王府东路

右:（上）恭王府蝠厅

（下）恭王府大戏楼

假山和两进厅堂。这里的水池和后堂建成蝙蝠形，以象征得“福”，因此称为“蝠河”与“蝠厅”；在假山石洞壁上还刻有康熙皇帝手书的“福”字，突出一个“福”，表现出王府主人的心意。园的东路，前为宅院后为戏台，为主人休息观戏之场所。西路以水景、山景为主，中央一座大水池，池中一座水榭，两侧有山石环抱。恭王府地居城市闹区，但由于应用了假山环绕，园内又有不同的厅堂、游廊、山石，组成不同的空间，使它能够闹中取静，创造出一处园林环境。

熙春园

清朝廷在西北郊大规模建造皇家园林的同时，也建造了一批小宅园分赐给王子皇族，称为“赐园”，它们也是一种特殊的私家园林。熙春园就是其中之一，它位于圆明园之东，现在的清华大学内。

恭王府观鱼台

北京近春园

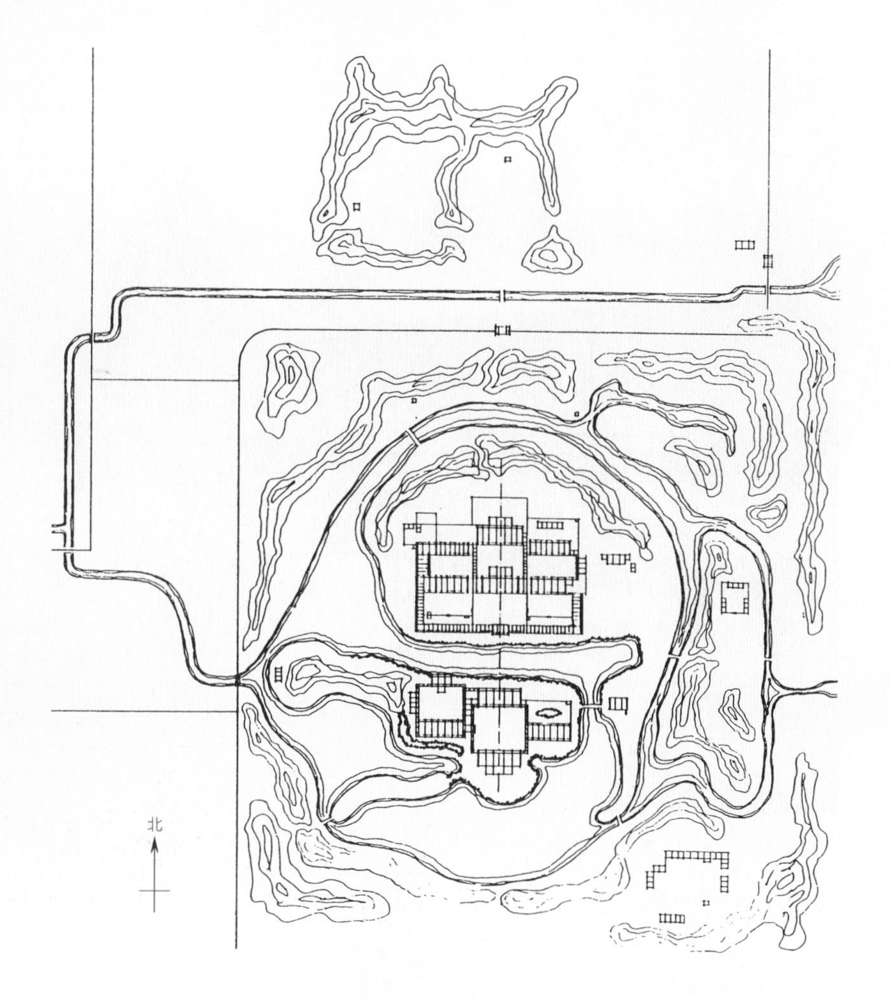

熙春园平面图

清华园宅院

清华园方亭

清华园湖水

熙春园建于康熙年间（1662～1722年），作为赐园曾于道光年间（1821～1850年）供两位王子居住使用，之后分为东、西两部分，东为清华园，西为近春园。近春园建筑于清同治时期（1862～1874年）被拆除，但遗址尚存。清华园历经300年一直保存完整，是康熙时期园林保留至今极为难得的一座。

两园均为平地造园，挖地成池，堆土成山，建筑房舍组合成园。近春园开凿的是环形水池，中央留出陆地，建筑建于中央，四周环以土山，庭院建筑在内，水景在外。清华园布局为前宅后园，宅为规整四合院，前后两进，左右三路，有曲廊相连，以门洞相通，院内堆石山，植海棠、梨花，是一处有浓厚园林气氛的宅院。住宅之后挖出一座大水池，池面曲折，池内满植荷花，池之西北有土山相环，山上植松树、柏树，池边种垂柳，组成一处封闭而宜人的园林环境。

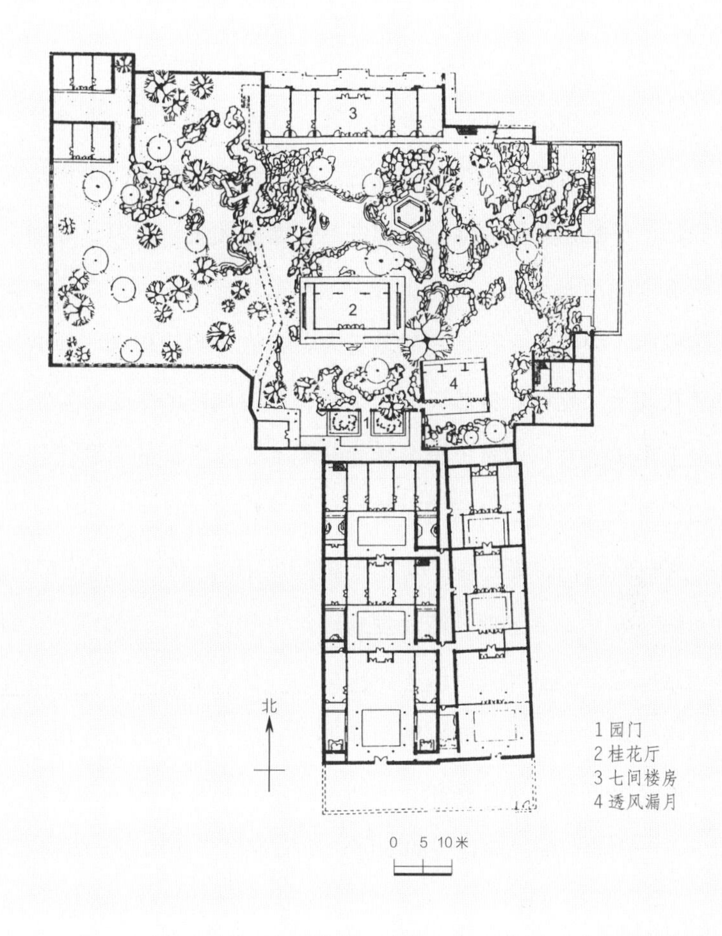

江苏扬州个园平面图

江南私家园林

造山水园林，离不开自然、经济和人文诸方面的条件。中国江南地区在地理上多江河湖泊，水网纵横，水源丰富。气候属温带气候区，雨量充沛，冬无严寒，很适宜植物的生长。政治上，早在唐末五代十国中原战乱不断之时，江南吴越国却保持着和平安定的局面，而且一直维持80余年直至北宋时期，待南宋迁都临安，更使这一地区的政治稳定，经济、文化都得到进一步的发展。江南自古以来人文荟萃、名贤辈出，具有悠久深厚的汉文化传统。唐代诗人白居易、宋代诗人苏轼曾先后出任杭州知府，他们不但主持了整治西湖，修筑了堤坝，还留下大量歌颂西湖美景的诗篇，极大地丰富了当地的人文内涵。南宋迁都临安后，大批文人、官吏尾随而来，在这里咏诗作画，促进了山水诗画在江南的盛行。自然环境的优越，政治局势的稳定，经济的繁荣，加上丰厚的文化底蕴，给园林建设创造了多方面的有利条件。江苏扬州位于长江与南北大运河交汇口，自唐朝以来就是一座对外商贸口岸，商业发达，商贾云集，成为一座繁华城市。苏州地处江南中心，自古丝绸业发达，手工业、商业发展，至唐朝已成江南名城。城内有陆路、水路两个系列并列，城市河街成为一景，受到清乾隆皇帝的青睐而被模仿至皇园之中。明、清两朝不少官吏、富商都来苏州购地建宅以作晚年之归宿。因此扬州、苏州一带成了私家宅园汇集之地，至今留下了一批明、清时期建造的私园，它们成了江南私家园林的代表。

扬州个园

个园位于扬州城内，建于清嘉庆二十三年（1818年），是当地大富商黄应泰的私家宅园。个园在黄家住宅之后，面积不大，占地约0.55公顷，是横向长方形。园门位于南面居中，门两侧种满青竹，竹林中置有石笋，寓意春季的“雨后春笋”，含生长茂盛之意。入门后是一座厅堂，因厅前种了不少桂花树，故称“桂花厅”。厅后面临水池，池之北为一座二层楼房，楼前两侧堆有两座大型石山，个园之精华就在于园内的堆石假山。

石山之一，在水池西北，全部用太湖石叠造，高约4米，体量庞大，但由于太湖石造型玲珑剔透，所以并不显笨重。山体紧临水池，石中留有洞穴，洞中曲折幽深，将池水引入洞中，搭石板于水上，夏日倍觉凉爽，因此取名为“夏山”。

个园门前竹林

个园秋山

个园夏山

石山之二，在水池东北，全部由黄石堆筑，高约 7 米，体量比夏山大，山顶置四方亭一座，屋顶翘起的屋角减轻了堆石的笨重，山体中设有洞穴，洞中置石桌、石凳，中有磴道可盘旋上下。黄石堆山造型刚健，色彩呈褐黄，山体朝西，每当夕阳西下，霞光普照，石山一片金秋之色，故称“秋山”。

个园南部园门之东侧有厅一座，厅前园墙之下沿墙根堆造叠石一列，特别选用白色湖石，如同石上积雪未消，并在园墙上开成排圆洞，每当有风则呼呼作响，仿佛冬季北风呼啸，此厅为冬季围炉赏雪处，故将此处堆石称为“冬山”。此冬山连同夏山、秋山和园门两侧竹间石笋称为春山，四季之山集于一园之中，成为扬州个园特殊景观，个园因此而负盛名。

苏州网师园

网师园位于苏州城内，始建于南宋，传至清光绪年间（1875～1908 年），经新的园主人修建成现状。该园占地仅 0.4 公顷，在苏州城内属中型宅园。园中住宅与园林紧密相连，大体上宅处东南而园在西北。住宅部分主要为东部的一连四进院落，进宅门之后依次为轿厅、大厅、主厅。几座高敞的厅堂和规整的院落显示了宅院的气魄。厅堂都是黑瓦、白墙，厅内咖啡色的梁架、木料本色的家具，连同陈设、书画，显出一派高雅气息。前后院墙上的两座大门上都附有雕砖的门头，它们完全仿照木结构的形式，下有几层梁，梁上一层斗拱，斗拱承托屋顶，屋顶上有屋脊、屋角，而所有这些构件全部由砖制成，那翘起的屋角，那一个个斗拱，梁枋上雕出的仙鹤、狮子、灵芝、荷花，那附在梁枋之间成幅的戏曲人物，即使木雕也很费时费工，需要很高技艺，更何况全部用砖雕制作，反映了苏州地区工匠技艺的高超水平。

园林在住房之西，以中央的水池为中心，四周布置着不同的亭台楼阁，这里有临水的亭与阁，有咏诗作画的轩堂，它们之间堆以山

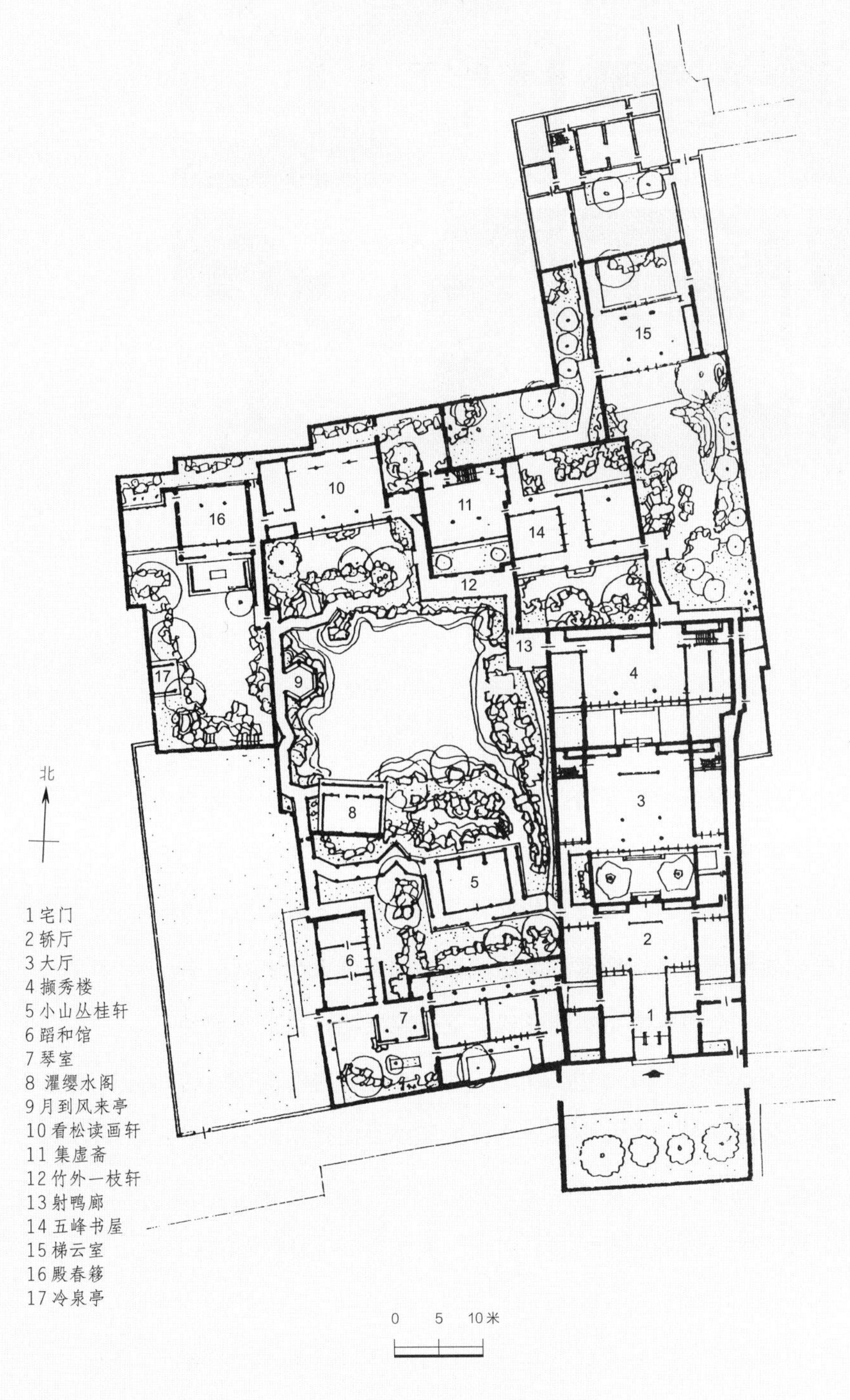
北
1 宅门
2 轿厅
3 大厅
4 撷秀楼
5 小山丛桂轩
6 蹈和馆
7 琴室
8 濯缨水阁
9 月到风来亭
10 看松读画轩
11 集虚斋
12 竹外一枝轩
13 射鸭廊
14 五峰书屋
15 梯云室
16 殿春簃
17 冷泉亭
0 5 10米

江苏苏州网师园平面图

上:（左）看松读画轩
（右）竹外一枝轩
下:（左）网师园前厅
（中）网师园院门“竹松承茂”
（右）网师园院门“藻耀高翔”

石，植以松、柏等树木花草，组成了各具特色的景观。水池本身不大，形近正方，每边长仅 20 米，但造园者将池四周做得曲折有致，更在池水东南、西北两端收缩成细小水尾流入假山之下，造成水有源而无头之感觉。水上架石桥，把不大的水面分隔得大小相间，免除或减少了池水狭小和僵笨之感。清朝后期的苏州宅园，园主人多为官吏、富商，他们的地位与志趣已经与唐、宋以来的园林主人不同，他们不满足于那种幽寂自在、孤芳自赏的文人生活，他们有繁忙的社会活动，要求多样功能的建筑。迎客的客房、读书的轩、练琴的室、宴请宾客的厅馆，加上众多的游览景点建筑共处一宅之内，网师园就是这样的一座园林。园中建筑密度达 30%，如果加上前后院落建筑还不止此数，真正园林部分只占一半多。这样的园林很难建造成有自然山林之趣的环境，但是在这里，通过造园家的设计，他们把建筑与园林紧密相连，精心地设置亭、台、楼、阁，堆石造山，使建筑如此密集的园林，仍有自然之趣，使网师园成为苏州园林的精品。“苏州园林”被联合国教科文组织列入“世界文化遗产”名录，网师园是其中之一。

网师园月到风来亭

中国古代造园理论与技艺

中国古代自然山水园林产生于秦、汉，经过魏、晋、南北朝和唐、宋时期的发展而趋成熟，至明清两代达到顶峰，在长达 2000 多年的生产实践中造就了一大批造园的能工巧匠。这里有叠石造山、挖池理水、建造楼房、栽培植物等各方面的工匠，他们的技艺世代相传，经过长期的传承积累，在各个领域里都出现了一批技艺精湛、有代表性的著名艺匠。正是由于他们的辛勤劳动才创造出无数精美的园

①《园冶》中的窗图

②《园冶》中的门图

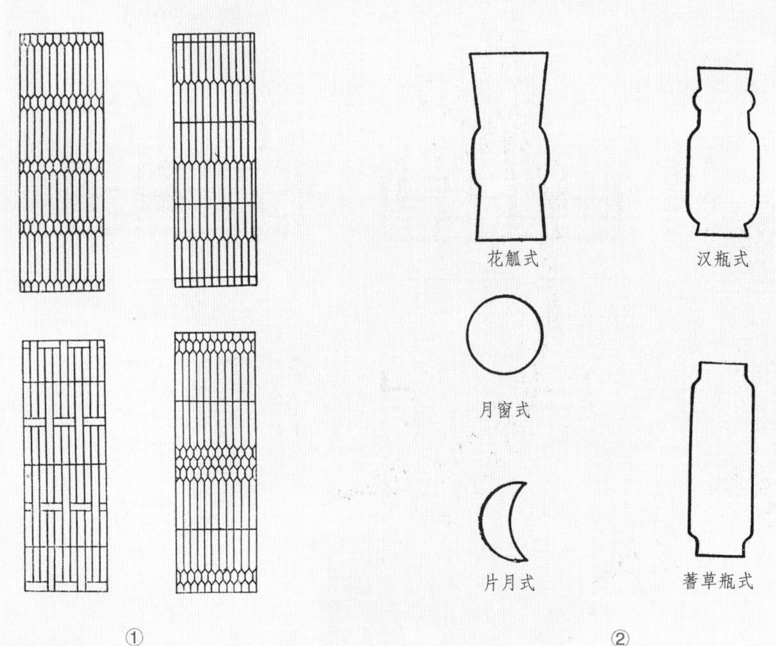

林，并且在这个基础上出现了一批有关造园的理论著作，其中最重要的是明朝计成所作的《园冶》。

计成生于明万历十年(1582年)，江苏吴江人，年轻时爱好绘画，中年漫游四方，饱览名胜园林，返回南方定居于江苏镇江，并开始造园实践。初时为人叠石造山，颇得真山之趣，逐渐参与园林规划设计。由于平时善于钻研，技艺日精，所造园林颇得好评，于是名声大振，镇江、南京、扬州一带都有他的作品，成为一位著名的造园专家。他既有文化根基，又具造园的丰富经验，在他52岁时终于写出了《园冶》一书，这是一部造园的专著，是中国古代最重要的一部园林理论著作。

《园冶》全面阐述了中国园林从规划、设计、房屋建筑到门窗、墙垣、地面式样和堆山、选石等诸方面的理论与实践，大体可以归纳为三方面内容。第一是有关园林的知识和造园技术方面的内容。例如在园林建筑的装修部分，书中列举出62种窗和100多种栏杆式样。墙垣部分介绍了各种墙垣的形式特点、所用材料和施工方法及所适用的场所，并附录了各式墙垣图样。第二是造园经验的总结。作者在

①《园冶》中的栏杆图
②《园冶》中的墙垣图

“相地”一篇中分析了山林、城市、村庄、郊野、宅旁等不同的环境，提出了相应的造园特点。在“掇山”“选石”部分，总结出17种叠山的最佳形态，列举出太湖石、黄石、花岗石等16种石料，分别说明它们的形态和用法。第三是关于造园理论性的论述。计成从造园的规划布局、造景原则到具体手段都做了理论性的总结。他提出“有法而无定式”的重要原则，认为园林中布置建筑既须遵行传统法规，但又不可拘泥于定规，须依据建筑和环境特点来布置，曲折中见条理，变化中求规矩。他论述道，无论在乡村或城市造园，在堆山、挖池、建筑等各个方面都要遵循自然法则，做到“虽由人作，宛自天开”，即人造风景园林能够达到有天工开辟的自然情境，这才是中国造林的最高境界。

在中国古代，山、水、建筑、植物成为构成园林的四大要素，现在从实践和理论两方面分别予以介绍论述。

叠山理水

造园四大要素中，山与水占有很重要的地位，无山无水即丧失了中国园林特征。

叠山 除少数皇家园林能将真山包在园中，大多数园林都需在园中人工叠山。自然山体有土山、石山，亦有土石相间之山，园中堆山也如此，用土、石，或二者结合。古人认为：石山形态古拙，但无土则草木不生，形似光秃秃童山。光土山又难直立而高耸，所以主张多用土石相混之山，外石而内土，既保持了山形，又有草木滋生。既为

左：园林中的土石山

右：扬州何园堆石山

北京北海静心斋大型堆石山

山水园林，园中堆山就必须师法自然，如果把真山缩小置于园林岂不成了大型盆景，所以古人主张要取真山之神态，以其典型面貌再现于园林。计成在《园冶》中总结出造山形之要领，即两山相列，形不可雷同，应有高有低，有主有从。自然界名山，除远观山形外还能作山中游，山涧、山谷、山洞、瀑布多成佳景，所以园中之山，凡山体较大者，除求山体外貌之自然外，还要在山中设山涧、磴道、山洞，以增添自然之趣。

园林中除叠石造山外，还喜欢以独石造景，一块形状奇巧之石，便可成苍古之画，变为可观赏之景。宋徽宗在汴梁建造皇园时，专门派人到苏州广收民间奇巧之石，集中于园门内大道两侧，成为一特殊

园林独石图

景区。经过古人总结，独石之美在于形，石体应瘦长忌粗壮以显灵巧，石身宜富皱纹而忌光滑以显苍拙，石上宜带洞穴以显空透而富变幻。南方的太湖石最富有这样的造型，于是总结出“瘦、皱、漏、透”为太湖石最佳造型的标准。

理水 园林离不开山和水，有山则古，有水则灵。自然界湖泊水面绝无方整之形，所以园中池水切忌规整，即使外形整齐，也要使四岸曲折有致。水面宽广者，湖中宜用小堤或桥相隔，将水面分作大小不等的水域，或者在水中堆筑石山，以取得多层次的水上景观。水面较窄小者，宜在池水之角收束成狭长水口，将水引至亭榭或堆石之下，如网师园中的池水那样，看上去水有源而无头，把一池死水变为活水。池水除形状外还要讲究水岸边的处理，池形不能方正，所以池岸也不能用方石砌造，自然界江河湖泊之岸都为土岸，只有石山中水池则为不规则的石岸。园中水岸既要自然又须坚固，所以多用黄石和湖石砌岸，或用土石相间。沿岸布石也切忌整齐平均而要高低错落、疏落有致。总之，从池水之形到池之岸都须仿自然之形。

左：园林水池亭下的水尾

右：水池黄石水岸

北方园林水池石桥

南方园林水池石桥

建筑经营

园林少不了建筑，只是有多有少之别。园林建筑的特点首先是类型多。一座皇家园林颐和园，就有宫殿建筑的殿堂，宗教建筑的寺庙，园林建筑的亭、台、楼、阁、轩、榭、廊、桥，还有商店、城关、牌楼、码头、船坞、农舍等，几乎包括了建筑的所有类别；一座不大的网师园也有厅、堂、楼、馆、轩、榭、亭、廊等十余种建筑类型。

建筑不仅类型多，而且形式多种多样。承德避暑山庄宫廷区的正殿也是皇帝朝政的重要场所，但这里没用琉璃瓦而只是普通的陶瓦顶，门窗、梁枋上也没有彩画装饰，只是用高级的楠木建造。古代造园家反对建亭建榭必须依循某一定制，他们主张要依据园林中的具体情况而决定它们的形制。所以在南方、北方的园林中可以见到正方、长方、六角、八角、梅花、“十” 字、圆形、两圆相套、两方相套等

水池湖石水岸

左：园林亭的样式：长方亭（苏州拙政园）

右：园林亭的样式：八角亭（北京北海）

多种形式的亭子。廊是园林中常用的建筑，它既能避雨遮日，又可分隔空间。除常见的直廊、折廊之外，还有波形廊，两廊相贴的复廊，架在水面的水廊，附在墙上的墙廊，爬坡的爬山廊，跌落廊等，形式也很多样。

门在住宅中有大门、院门、房门的区别，除了少数院门外，皆安有门扇可开可关。在园林中则不同，在亭、榭、轩、室等建筑上，它们的门除供进出之外，还有观景的作用。所以轩、室之类建筑往往一面或多面无墙，全部用隔扇门，必要时可全部打开，成为一座四面敞开之轩、室。有的在轩、亭上开设圆形、多边形的门洞，不安门扇，既可通行又能观景。

窗的功能一为采光，二为通气，可关可开，但在园林中还有组景和观景的作用。在一些轩、榭、堂、馆，墙上的窗只是一个窗口，而没有窗扇，人在室内通过一座窗口可以见到窗外，远处的亭、楼，或是近处的堆石、竹、芭蕉，它们以窗口作框犹如一幅图画，因此称为“窗画”。在许多江南私家园林里，由于要在不大的面积内创造有变化的空间，所以常用院墙作分隔，为了不使分隔的空间显得封闭局促，因此在墙上多开设窗户以达到隔而又相通的效果，这些窗都不设

园林亭的样式：水上亭（杭州西湖）

园林亭的样式：折角亭（承德避暑山庄）

园林亭的样式：套圆亭（北京天坛）

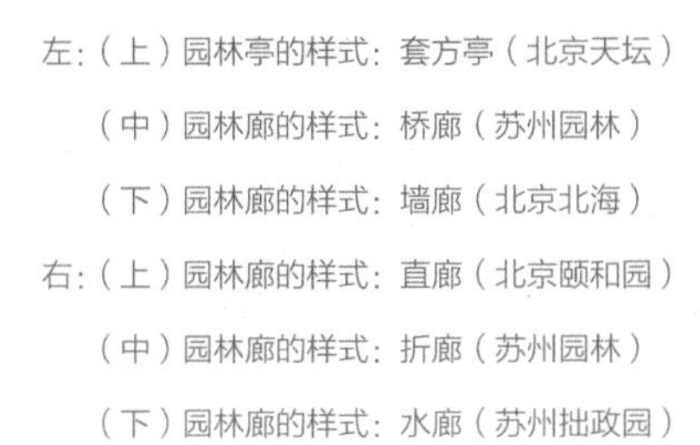

左:（上）园林亭的样式：套方亭（北京天坛）

（中）园林廊的样式：桥廊（苏州园林）

（下）园林廊的样式：墙廊（北京北海）

右:（上）园林廊的样式：直廊（北京颐和园）

（中）园林廊的样式：折廊（苏州园林）

（下）园林廊的样式：水廊（苏州拙政园）

苏州园林门的样式：房屋门

苏州园林门的样式：院墙圆洞门
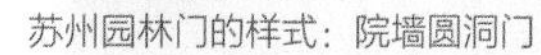

苏州园林门的样式：圆洞门

苏州园林门的样式：亭门

苏州园林的窗：房屋窗

苏州园林的窗：院墙漏窗

苏州园林的房屋空窗

苏州园林的窗：空窗

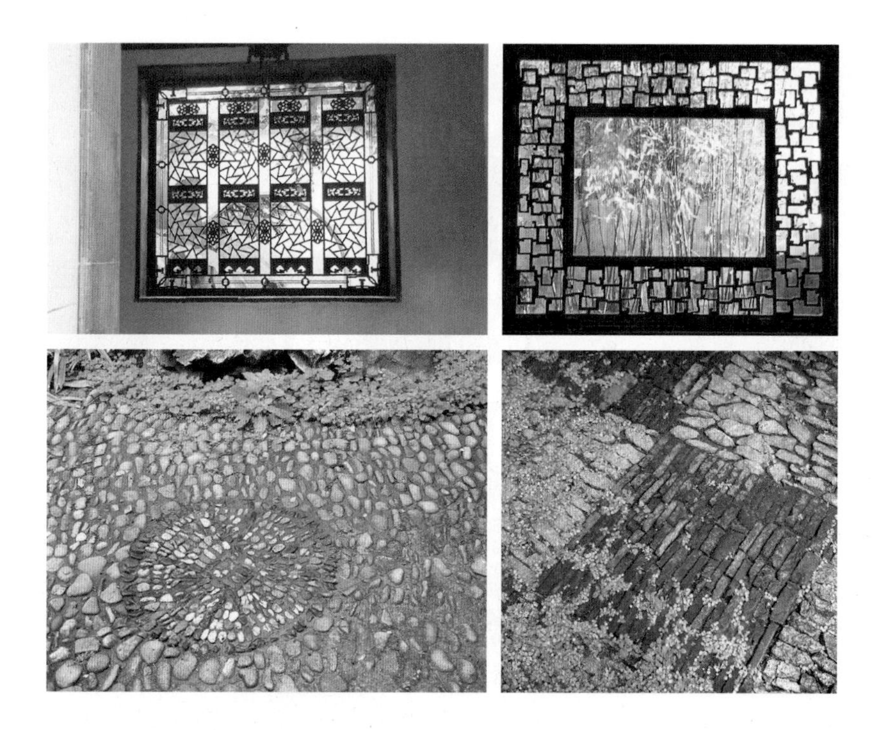

上:（左）苏州园林的窗：房屋的窗
（右）苏州园林的窗：房屋花窗
下:（左）苏州园林地面（一）
（右）苏州园林地面（二）

窗扇，它们有的装饰着透空的花纹，称为花窗、漏窗，有的什么装饰也没有，称为空窗，这类窗的形式极为丰富，成为江南园林中一种独有的景观。

抬头看建筑，低头看路面，园林中的路面也需要设计。为了效法自然，很少用整齐的石板路，而多用卵石、碎石、砖、瓦等拼出多种花纹的园路和庭院地面，它们朴素而自然，一场春雨过后，在石缝中长出丝丝青草，更增添了园林的生机。

植物配置

无论中国园林还是西方园林，树木花草都是不可缺少的部分，只是各自配置的形式不同。在中国园林里，植物配置更是造成自然山林或平原野趣环境的重要手段。

园中叠山、挖池、建房，一年半载即可完成，而植物生长非数年不见成效，尤其是四季常青、姿态苍劲的松柏和名贵树木生长更慢，所以历来造园都十分重视保留园林地址上的原生植物。唐代诗人白居易在江西庐山修建了一座自己的居室取名草堂，在草堂原址上有松树数十棵，有竹千余竿，松树下长满了灌木，诗人全部保留了这些树木，它们的枝叶遮挡住太阳，盛夏小风一吹，其凉快程度有如八九月。承德避暑山庄的山岳区全部保留了山林植物，并且利用原有的大片松林创造了“松云峡”景区。但是在城市里的私家园林很少有这样的条件，园林中的植物只有靠工匠的精心栽培方能达到应有的效果，在长期的造园活动中，造园家总结出不少经验。例如：在庭台之前，栏杆之旁，应以姿态苍松的老树相配；在屋前石阶附近，可种些许草花，枝叶展现于阶旁，显出生机；水生植物不可满水池遍植，即使最美的荷花在池中也要有控制地栽培，使其疏落有致，遇大型水面，可远种荷花，近植睡莲，因荷莲连片，花大叶盛，远观也有效果，而睡莲花朵小而细腻，宜于就近观赏；桃李宜远观而不适合种在庭院；豆、菜之类种在农田自有山林风味，但种植于庭院之中就与环境不协

左：南方园林石栏杆旁的植物

右：北京颐和园庭院的海棠

颐和园内荷花

颐和园水池边柳树

颐和园睡莲

调了，可以在园林中另辟空地种植，亦有野趣，等等。这些都是由实践总结出来的精辟之见。

景点、景观

游览园林，就是游览园林环境和观赏园中景点，景点是供观赏的，所以也称景观。造园家就是要在园林里创造众多的景点和组织好这些景点以便于游览者观赏。山水、建筑、植物是构成园林的要素，自然也是构成景点、景观的要素，它们可以独立成景，也可以组合成景。

山岳自然成景，避暑山庄的山岳，山峰罗列，山林深厚，成为山庄的主要景观。私家园林多叠石为山，扬州个园应用不同石料、不同堆法，构成春、夏、秋、冬四季之山景。不仅堆山成景，而且独石也能成景。苏州留园于庭院中立巨石一座，可以四面观赏，取名“冠云峰”，成为园中名景。此类独石或由数石组成的石景，造型多变，体量不大，可立于厅前、墙下、池水之中，在皇家园林和私家园林中都广泛采用。

建筑造景更是园林中常用手段，大至殿堂群组，小至一亭一榭，

左：颐和园古松

右：苏州园林竹子

皆可成景。避暑山庄湖泊区众多建筑散布于岛屿之上，其中金山亭独居山头，高耸的楼阁十分突出。另一处烟雨楼，两层的厅堂立于湖滨，亭、榭点缀其旁，组成的群体比临近建筑更为显著，金山亭、烟雨楼构成了湖泊区的重要景观。

植物有大有小，大者如青松、古柏，小者如一株芭蕉、一丛灌木，但只要姿态佳，位置合宜亦可成景。苏州的私家园林中的厅前堂后常种一片桂树、枇杷树，构成了“丛桂轩”“枇杷园”的特殊景观。留园入口不远的小院里有一株古老枯木，如今保存其老年枯枝，

左：（上）苏州留园冠云峰石

（下）园林墙下石景

右：（上）留园天井中石景

（下）水中石景

承德避暑山庄烟雨楼

山庄金山寺

也以其苍劲的枝干构成了“古木交柯”的景观。两株芭蕉植于墙根，青竹一丛立于墙下，它们翠绿的枝叶在白墙衬托下亦能组成悦目的景观。

以上所举的山、水、建筑、植物皆可独立成景，但在多数情况下还是相互组合而成佳景。例如北京北海琼华岛上的寺庙与白塔、颐和园万寿山上建造的排云殿与佛香阁，都是山体与建筑的组合，这两座山都因为有了建筑而更添风采，而这些建筑也因位居山上而更显宏伟，这些原来只是自然的山体，如今与建筑组合而成了具有人文内涵的突出景观。在私园中，这种组合景观随处皆可见到。苏州网师园临水而建的射鸭廊，廊亭一间，旁边一棵古松，树干枝叶与廊屋翘角齐飞，岸边堆石延伸至树下，背后以白墙作底，水中倒影相映，景观如画，此为建筑、植物与山石的组合。小的景点如独石一块，石旁种植兰草几棵，点缀花卉朵朵，置于堂前墙下也成佳景。即使碎石庭院地面，也在四周种植些花草，繁花细叶与碎石相映，也能赏心悦目。

苏州网师园射鸭廊

墙下芭蕉

廊间竹丛

石与植物（一）

石与植物（二）

北京北海白塔

景观之组织

园林中罗列的众多景点，必须加以组织，使它们能够相互对应，有主有从，使人一路游来，有始有终，趣味盎然，这才称得上是成功的园林。

一处景点，要求它的形象美观奇巧，位置合宜，能成为观赏对象，此为“成景”。两景相对，要彼此呼应，由此景能观赏到彼景，此为“对景”。颐和园万寿山上的佛香阁与昆明湖南湖岛北面的涵虚堂，两者隔湖相望，互为对景。园林组织景观除园林内景点之外，也可将园外的佳景组织借用进园，称为“借景”。计成在《园冶》中总结道：园外四周，极目所至，凡佳景有条件的皆可收进园内，俗气不佳之景则遮挡在园林之外。所以借景就有了远借、邻借、仰借、俯借、应时而借之分。北京西北郊玉泉山远在颐和园数里之外，但山上佛塔可借至颐和园内，从昆明湖上、万寿山上皆可观赏佛塔如同园内之景，此为远借。两院相邻，邻园一座楼台，甚至隔墙几枝红杏也可借至园内成景，此为邻借。在园中仰望园外高山，或山林郁郁葱葱，或山上怪石林立构成景观，此为仰借。在北京北海琼华岛上俯视中南

左：在颐和园内远望玉峰塔

右：在苏州留园中远望报恩寺塔

北京颐和园佛香阁与涵虚堂对景

海，中南海隐现于晨雾之中，景致如画，此为俯借。

在组织景观中还经常用“框景”法。即用门洞、窗户、立柱作框将景观组织展示于框中。扬州瘦西湖吹台方亭的门洞中所见亭桥与白塔画面即为框景。景观经过这样的组织，能使画面更为集中，观赏效果更为显著而强烈。设计得好的园林，善于将众多景观有意识地安排在一条游览线路上，沿着这条线路一路游去，景观一个接着一个，富有变化而不重复，有主次而不平淡，启合传承，真正做到步移景异而有自然之趣。

上：江苏扬州瘦西湖吹台门洞框景

下：自北海琼华岛俯视中南海

中国园林意境

何谓意境？意境就是在艺术创作中，借助形象而表达的某种思想境界。以绘画而论，艺术家所描绘的不仅是客观世界的物质，而且要通过这些物质形象表达出一种思想与情感。山水画家行万里路，摹绘自然山水景象，通过观察、描绘，不但对山水之境有了深入的认识与掌握，同时对山水之情也有了感悟，这时画家画出来的山水已经不是客观的某山某水，而是融进了自己情感心境的山水景象。古代许多文人喜欢画竹，他们观察竹林，一笔笔临摹竹竿竹叶，对竹子的生态、形象有了成熟的把握，才能下笔画竹，但是这时笔下之竹已经不是某片竹林的客观形象，而是融进了画家自己思想情感的竹子。作者通过笔下竹竿之挺直有节，通过片片竹叶的简洁造型表达出自己的情操。所以他们的笔下之竹并不注重其形态之逼真，而在于能表达自己情感的神态。正因为如此，才产生了中国绘画特有的“墨竹”，墨色竹代替了青色竹，不求其形，但求其神，神似胜于形似，这就是绘画中的意境。

园林也如此，园林通过山水、建筑、植物所组成的环境不仅是物质的，而且还应该是精神的。因为在造园时，主人把自己的精神追求寄托于物质环境之中，使观赏的游览者能够触景生情，产生精神上的共鸣，这就是园林的意境。在园林中意境就是一种能产生意念的环

左：北京香山古松

右：清代郑燮《兰竹图》

境，有无意境和意境之高低成为古代评价园林的重要标准。

在中国园林中，应该用哪些手法去创造这些意境呢？

最常见的是用象征与比拟的方法。秦始皇为了长生不老，永远当帝王，听信巫师之言，派使臣率领数千童男童女去东海神山采取长生果，结果自然是有去无回，但他仍在都城咸阳引渭水作水池，池中堆蓬莱神山以求祈福。这种比拟仙岛神山的做法流传很久，汉长安、唐长安的宫殿中都在池水中堆筑神山，元大都皇城内的太液池中堆有三岛，一直到清朝圆明园的福海筑蓬岛瑶台，颐和园昆明湖中也有三岛象征蓬莱、瀛洲、方丈三座神山。

中国自魏晋南北朝以来，许多文人士族喜欢投身于自然，颐养情操。他们观察、研究自然景物：山林中的苍松强劲而刚健；青竹挺拔而有节，竹身可弯而不折；梅花凌寒而独放。它们的姿态、习性都使人联想到坚韧、纯洁的精神品德，因此将松、竹、梅比作“岁寒三友”，视为植物中之高品，也比喻人格的高尚，所以松、竹、梅成了山水诗与画的常用题材，也被常用在园林中。北方园林可以说无园不见松，江南园林则无园不栽竹，它们不但以其形其色创造了园中景观，而且还以其特有的象征意义增添了园林的意境。

明代著名药学家李时珍对植物中的莲荷有过详细的介绍。莲荷产于污泥而不为泥染，开出的荷花纯洁而美丽；莲荷的根部为藕，质地很脆，但它在密实的淤泥中却能节节生长而不折断，荷花出污泥而不

左：北京圆明园满塘荷花

右：苏州拙政园留听阁

染，莲藕质脆而能穿坚，这些不仅是它们的生态，同时也包含着人生哲理，它比拟着人们处境艰难而应坚忍不拔，在污浊的社会里应保持高尚品德而不为环境所染。因此画家常画莲荷以自勉或喻友。在园林中，不论是皇家园林还是私家园林都喜欢在池中种莲荷。圆明园有一处景点，四周水池中遍植荷花，清乾隆皇帝特题名为“前后左右皆君子”。拙政园土山上有一座小阁，山下水塘中种植荷花，秋季荷花开过了，只剩下残留的荷叶，一阵秋雨打在荷叶上唰唰作响。在文人眼里，这是“留得残叶听雨声”，残叶本无美感，但这打在残叶上的雨声却能引起文人的遐想，所以把小阁取名“留听阁”，使这处景点增添了意境。

造园家还喜欢把许多名山、名寺、名景点之景再现于园林中，以创造和增添意境之美。中国的五岳作为山岳的代表受到历代皇帝的祭拜，积淀了丰厚的人文内涵。园林中往往在厅前墙下树立五座巨石以象征五岳，甚至选用奇巧之小石做成盆景置于厅堂的条案上，使五岳进到屋内。此“五岳”之石当然并非真五岳，但却能引发人们对真五岳人文内涵的联想。颐和园后山有一座不大的佛寺——花承阁，几间小殿堂加一座琉璃宝塔，八角形三层宝塔在每层屋檐下都挂着风铃，寺庙位于山林中，风吹铃响，回荡于林中，令人有超脱尘世之感。在颐和园的谐趣园中，有一处由假山石组成的小径，四周树木环绕，环境十分安静，人行其中能激发诗情，清乾隆皇帝特题名为“寻诗径”，成为园中颇有意境的一处景点。

意境成了中国古代园林的灵魂，意境是通过具体的景观和园林环境引发出人们的感悟，除了那些有特定象征意义的景点之外，不少触景而生的感情却是因人而异的。面对同一环境和景点，不同的人会产生不同的感悟，同一个人也会因他的年龄、经历、心情之不同而感悟不同，这就是一座园林所产生的广泛效应。

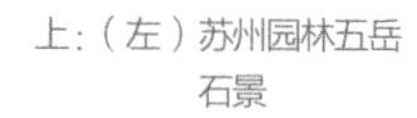

上：（左）苏州园林五岳石景

（右）颐和园花承阁

下：颐和园寻诗径

第九章 住　宅

CHAPTER
NINE

供人们居住的住宅在各种类型的建筑中数目最大。中国地域辽阔，各地区、各民族所处的地理环境不尽相同，那里的百姓在生活习俗上也有差异，所以适宜于他们居住的住宅在形态上当然千姿百态，互不雷同。

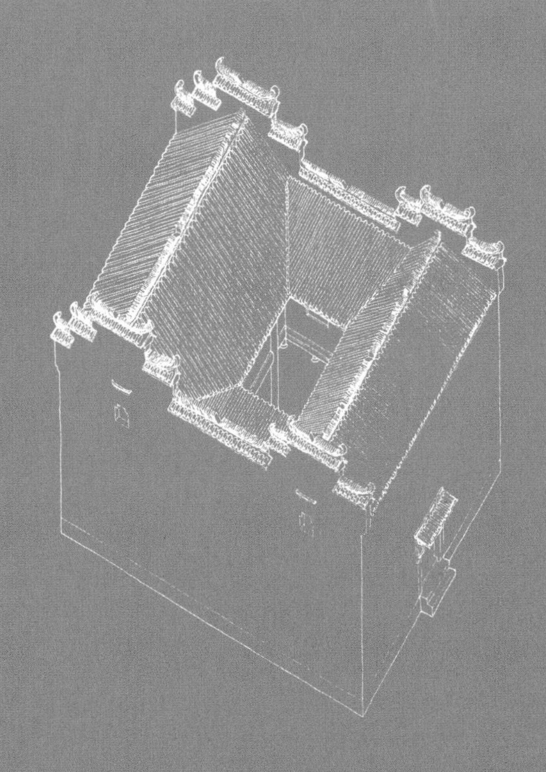

合院式住宅

在第一部分已经论述过，合院式住宅在汉朝就已经有了比较完备的形式，一幅墓室砖上的住宅图画向我们展示了 2000 年以前四合院住宅的形象。以北京四合院为代表的住宅，由于能够创造一个安静的、有私密性的居住环境，而且在使用上符合中国传统礼制和家庭伦理的要求，所以成为广为流传的住宅形式。但同样是四合院，在山西、云南以及江南各地也存在着差异，各具有不同的特征。

山西四合院

山西自古就是盛产煤的地方，地下有煤作燃料，加上有取之不尽的黄土，所以烧砖瓦和制造琉璃成为山西的传统手工业。自明朝商业经济有了较大发展之后，山西经商者不少，他们云游全国，善于买卖，形成了颇有势力的“晋商”。这些富有的晋商回到家乡，纷纷购地置房，造商店，建住宅，为今天的城市和乡村留下了大批讲究的商铺和住房。山西平遥城自古就是一座商业发达的城市，沿着街道，房屋一幢接着一幢，它们前面开店，后面住家，所以既是商店又是住宅。这些特殊的住宅多采用四合院形式，临街店面和后面的正房处于中轴线上，左右有厢房相围。由于在有限的街道上要尽可能多地容纳店铺，所以每一家店铺都不可能太宽，于是形成狭长的院落，两边厢

房的深度很窄，屋顶做成一面坡斜向庭院。狭长的院落、一面坡的屋顶成为山西四合院的特征。

但是在农村却并非如此，农村土地宽广，四合院专门住人，所以住宅庭院较为广阔，四周正房和厢房有的建为两层，在四面房屋的两侧都附有小耳房，形成由四幢大房、八间小屋组成的四合院，被称为“四大八小”，成为山西又一种富有特征的四合院。在著名商人的王

左：山西平遥四合院

右：（上）山西灵石王家大院住宅

（下）山西襄汾丁村住宅

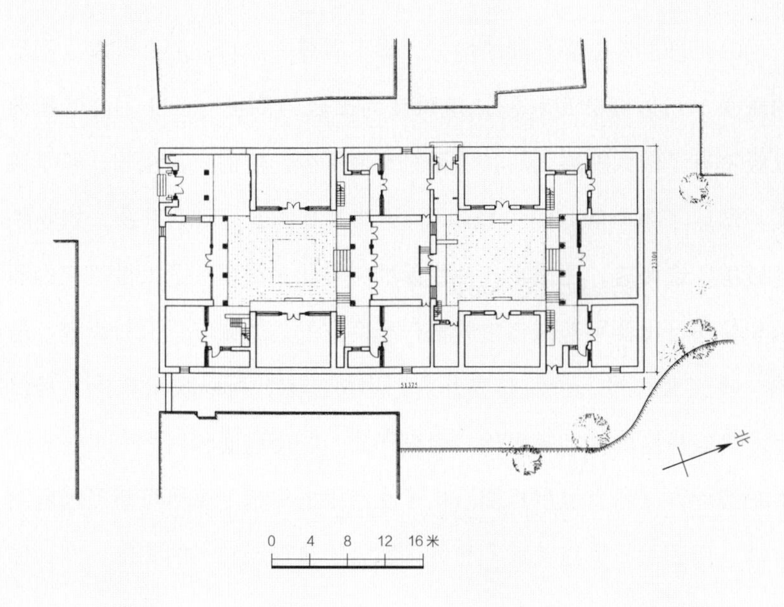

山西“四大八小”四合院平面图

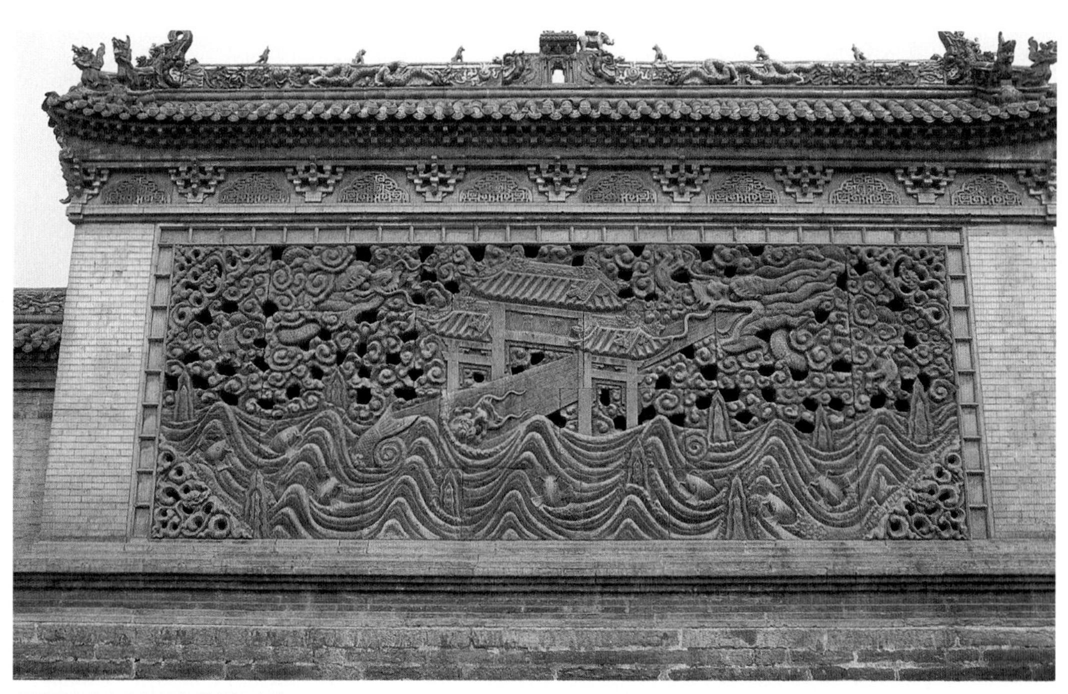

山西晋商住宅上的鲤鱼跳龙门砖雕

山西晋商住宅上的石雕装饰：象征长寿、升官的猴捧寿桃

山西晋商住宅上的石雕装饰：象征修炼成仙的鲤鱼跳龙门

家大院、乔家大院中，在农村一些富商、地主的大宅中都可以见到这种形式。为了显示主人的财势和人生志趣，在这些城、乡的住宅上都有许多砖雕、石雕和木雕装饰，它们用动物中的龙、狮子、鹿、猴、蝙蝠和植物中的牡丹、莲荷，以及如意、“万”（卍）字、“寿”字等纹样表现出主人祈求发财、做官、求福求吉利的心境。

云南大理四合院

大理地处云南西部，为白族聚居地区。城市西靠苍山，东临洱海，四季有风，有时风力很大，所以这里的住宅多坐西而朝东，房屋屋顶两头不出檐成硬山式，有的把屋顶后檐也用砖、泥封住，这样可以在大风时不至于卷起屋顶。白族人的住宅也是四合院，它们由三面房屋和一面照壁所组成。正房多坐西朝东，一层或二层，房前有宽敞的前廊，这是供家务劳动和休息的场所，正房两侧为厢房，正房对面是一座照壁，这是一面独立的墙体，高度与厢房相近，由砖筑造，外表抹以白灰，四周有彩绘作装饰，它面对正房，成为院内一道景观，同时以它白墙的反光使院落更加明亮。大门开在照壁的一边，四合院的角上，因当地称一栋房为坊，所以这种四合院称“三坊一照壁”。

如果照壁换成房屋，就成为由四面房屋围合成的四合院，四面房屋加房屋两侧的耳房组成中央大天井和四角的四个小天井，被称为

左：大理四合院住宅

右：四合院正房

大理白族姑娘服饰

“四合五天井”，这也是大理常见的一种四合院。大理四合院的房屋除朝向庭院的一面外，其余三面皆用砖墙，外墙多用白灰抹面，只在墙的沿边有装饰，这种装饰多用彩色绘画的方式把各种纹样画在墙面上，成为一条很醒目的装饰彩带。装饰的集中部位在住宅的大门上，双扇木板门的上面多附有木雕的斗拱等装饰，从形式到色彩都很华丽。在大理的苍山之下，洱海之滨，一幢幢白族人民喜爱的四合院聚合成村，灰色的屋顶雪白的墙，其间闪烁着五彩的门头和条条墙饰，在郁郁苍山的衬托下，显得那样的清新而秀丽。如果同时看一下白族

大理四合院大门

姑娘的服饰，一身白色衣裤，只在衣边袖口点缀一些装饰，头上包一块白布，而在白布上插满了五彩缤纷的花饰，成了姑娘全身装饰的重点，在素雅中显出华丽，从这里可以看到，大理白族的服饰和房饰具有同样的风格。这就是白族的艺术，白族的传统。

南方天井院

中国江南的江苏、浙江、安徽、江西一带属暖温带到亚热带气候，春季多梅雨，夏季炎热，冬季寒冷，四季分明。这些地区，面积不大而人口众多，因而农业耕地十分紧缺，用地很紧张。在这样的条件下，所产生的合院式住宅多采取四面房屋紧密相连，在中央围合成一个不大的天井，天井四周或三面房一面院墙，或四面皆房，为了节约用地，这些房屋多为两层楼房。两层的高屋，加上屋顶的出檐，使中央的天井更显小，故称“天井院”。无论在城市还是农村，这些天井院都是一幢幢紧密相连，四面的房屋只有向内开设门窗，在外墙上除大门之外很少开窗，所以天井成了住宅内通风和采光的主要途径。由于天井很小，故使四周楼房减少了阳光的直射，而且天井还具有像烟囱一样的抽风作用，能够排除住宅内的灰尘与污气，增加内外空气的对流，减少夏季的炎热。天井四周房屋多为斜向里面的单面坡

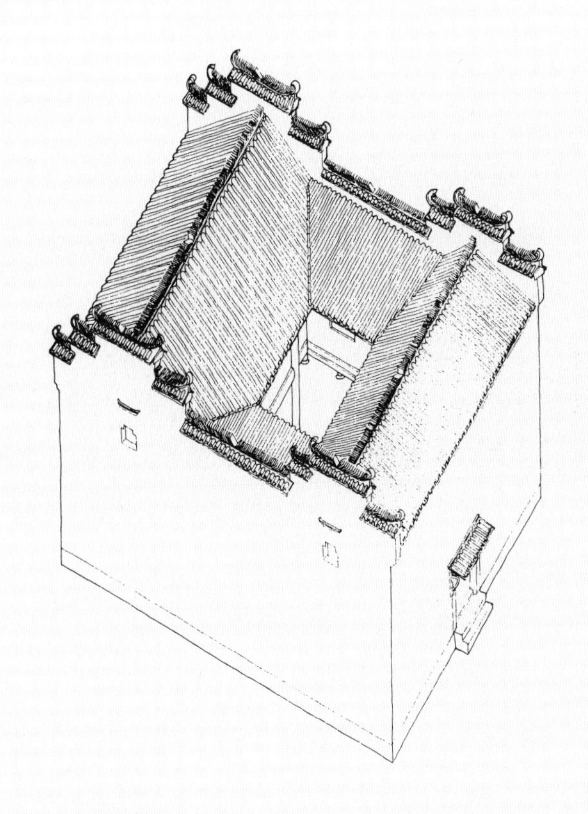

南方四面房屋天井院住宅图

屋顶，雨水顺屋面都流向天井，主人一方面可以将雨水收集存在大缸里作食用水，同时也可把雨水经天井四周沟渠排至院外。农村生产和生活都离不开水，百姓视水为财富，因而把这种收集雨水的办法称为“四水归一”“肥水不外流”，认为这样可以给家庭带来吉利。一些有

天井仰视

财力的人家还在天井里置放石台，台上摆几盆花草或盆景，使小天井增添几分情趣。

天井四周房屋也与北方四合院一样，有正房与厢房之别，正房称为上房，与它隔天井相对的称下房，下房中央通常是住宅的大门。正房多为三开间，在较大的住宅里也有五开间、七开间的。正房的中央开间是堂屋，这是一家人聚会、待客和祭神拜祖先的地方，所以是全宅的中心。堂屋朝向天井，多不设门窗而直接与天井相通以利于采光和通风，堂屋的底面多置放一长条几案，案前放一张方桌和两把椅子，堂屋两侧墙下也各放一对椅子与茶几。长条几案位置居中，上面放祖宗牌位和祭祖宗的香炉烛台，两边常放花瓶和一面镜子，这是借谐音表示一家“平平静静”。几案本身做工也很讲究，往往附有雕刻的花纹。堂屋的三面墙上多挂有字画，正墙上多为福星、寿星和青松、翠柏之类的画面，堂屋的这种布置几乎成了中国江南地区富有人家的固定格式。每逢过年过节，将中央方桌移至堂屋中央，桌上放

堂屋布置图

各种食物供品，一家人面向几案上的祖先牌位拜祖，或面向天井祭天地。家中老人寿辰、儿孙辈结婚都在堂屋里举行拜寿和新婚之礼，并设寿、喜宴席。遇老人去世，则将棺材停放堂屋多日举行祭祀，然后安葬入土。堂屋两侧为主人卧室，但卧室门不直通堂屋和天井，只能开在后面，妇女、小孩不能穿过堂屋见到外人。天井两侧厢房可作卧室或作其他用途。二楼由于层高，夏热冬冷多不住人只作贮藏粮食和杂物用，有的地方也有将正房的楼上用作客房和楼上厅的。住宅的厨房多不在天井院内，这是因为在自给自足的小农经济下的农家厨房，它的功能除做一日三餐饭之外，还要在这里碾米、腌菜、磨黄豆做豆腐、喂猪、堆柴火，逢年过节还要做年糕、酿米酒。可以说这里是一个家庭的饮食作坊，厨房也是雇工的餐室、休息室，有炉灶、餐桌、工具，也有猪圈。这样的厨房设在天井院里既不方便也不卫生，所以多设在天井院外，在宅旁零星地段建小屋紧贴宅院。

浙江武义郭洞村大型天井院住宅图

一个天井院只是住宅的基本单元，在人口众多、财力优厚的大家

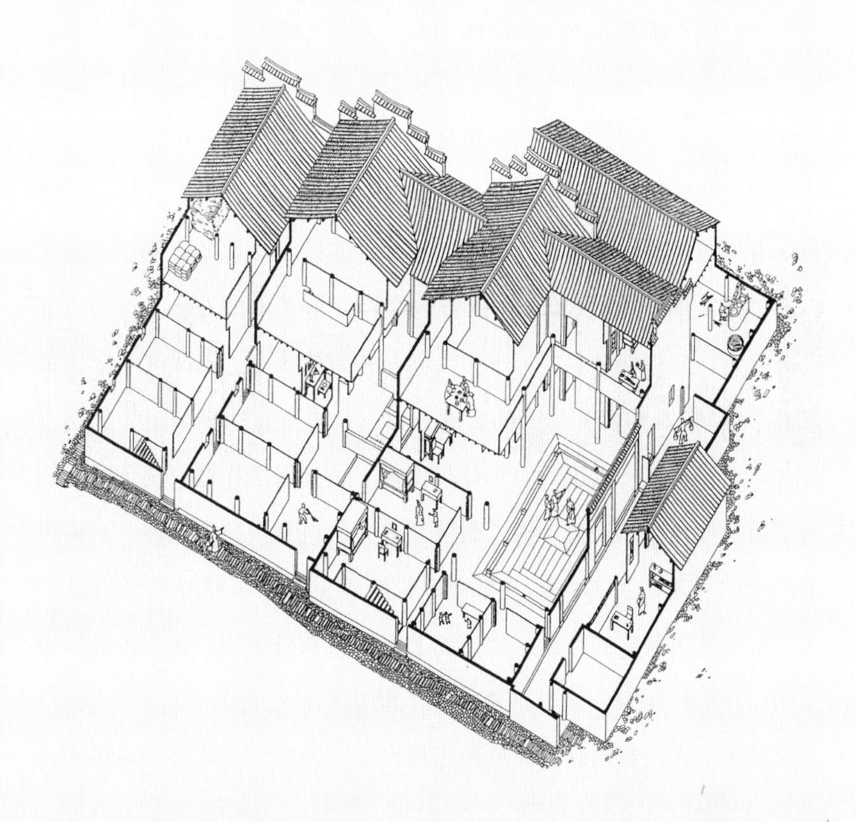

左：天井院住宅外街巷图

右：徽州住宅外街巷

庭，往往是几座天井院前后串通或左右并列，彼此有门相通，组成一座大的合院式住宅。不论大天井院还是小天井院，它们的外貌都是高高的白墙，墙上开大门和少量的窗。天井院都是木结构外面包着砖墙，最怕火灾，为了防止一家着火会波及紧贴的邻家，所以把邻近两家之间的砖墙加高，使它们高出屋顶，随着屋顶的两面坡形式，将砖墙做成阶梯状，因为能封住火灾，所以被称为“封火墙”。封火墙顶上都有屋脊，屋脊两端高高翘起，形如仰起的马头，所以把封火墙又称为“马头墙”。在安徽徽州一带的农村，由于地少人多，自古出外经商者多，他们善于经营，不少人因此积累了财富，形成江南地区著名的“徽商”。他们和北方的晋商一样，带着财富回到故里，建祠堂盖住宅，留下了一批讲究的天井院住宅。正如晋商在自己的住宅上极力用雕刻装饰显示财势一样，徽商也着力于自家住宅的装饰。一家住宅的大门显示出主人的声望与地位，所以古人将声望称为“门望”，大门自然成了装饰的重点。大门的上方多附有砖雕的门头，用砖雕出梁枋、斗拱、屋顶，又在这些构件上雕出有象征性的动、植物花纹，一座简单的大门经过这么一打扮也显得十分讲究了，连普通百姓家的大门，做不起砖雕门头，也要在大门上画出门头的样子。在徽商天井院的里面，可以看到堂屋的梁枋上有木雕的纹饰，天井四边正房、厢房的窗上满布着花格和花纹，尤其是堂屋两侧主要卧室的窗户，因为不能让外来的客人见到家里的妇女，所以窗上的花格花纹特别密，有的还是里外两层，它们几乎丧失了通风、采光的功能而成了悬挂在天井两边的木雕装饰。

在徽州地区的农村里，我们可以看到成片这样的天井院，它们紧密相连，排列在街巷的两侧，为了节约用地，这些街巷都很窄小，宽者三四米，窄的只有 2 米。高墙、窄巷成了这个地区住宅群体的典型形态了。白墙、灰砖、黑瓦，窄巷子里闪出座座门头，高墙顶上高低起伏的马头墙成了徽州住宅的典型风貌，这也是江南地区天井院住宅

上：（左）天井院住宅门头装饰图

（右）天井院住宅防火山墙

下：（左）徽州住宅内窗（一）

（右）徽州住宅内窗（二）

具有代表性的式样。

一批批江南才子出外做官衣锦返乡，多少徽商腰缠万贯荣归故里，他们建起了一座座讲究的住宅，外面灰砖白墙，院里雕梁画栋，这种形如堡垒的天井院正是他们所需要的。他们的家产财富需要保护，他们的妻室需要禁锢，由于徽商多独自出外经商，男人在外可以花天酒地，女人在家里只能独守空房，如果丈夫客死他乡，则妻子只能扶老抚幼，守寡终身，死后落个节妇贞女的美名，有的还能立一座表彰的贞节牌坊。只要看看江南农村有多少座这样的贞节石牌坊，家谱、族谱里记录着多少位妇女的贞节事迹，就可以认识禁锢在这些高墙深院中的妇女的命运。所以高大连片的天井院不仅是江南地理、经济条件下的产物，同时也反映了中国封建社会的传统礼制与家庭的伦理道德。

福建土楼

在中国古代农村，农民多聚族而居，同一个家族的农民多围绕着自己的祠堂建造住宅，彼此可以相互依靠，患难与共，这样的住宅联成团块，逐步扩大而成为村落。在中国福建地区，古时战乱频繁，匪盗迭起，社会不得安宁，乡村之间也往往由于宗族不和时有殴斗发生，所以聚族而居以求安全的要求更加强烈，于是一种把分散的住屋

福建永安地区土楼群

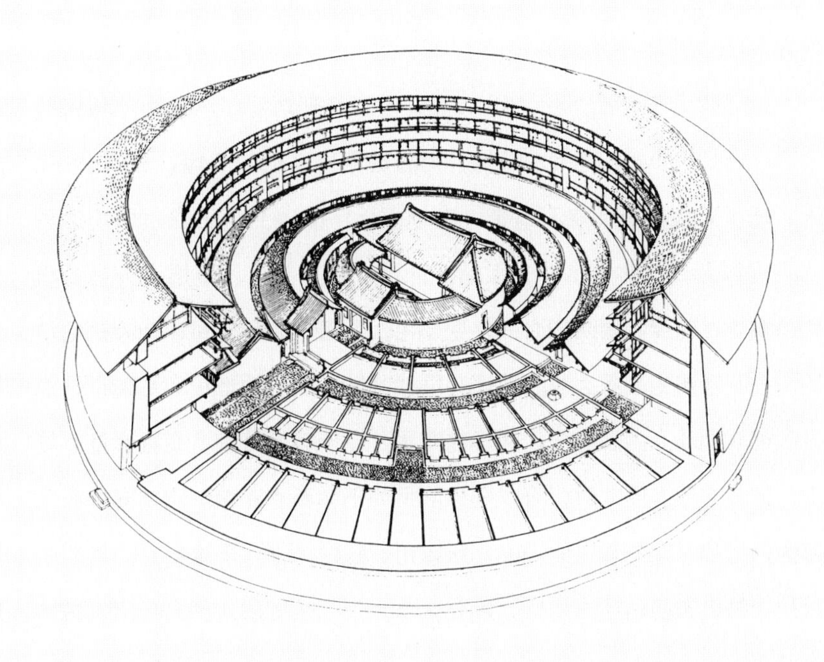

福建永定县承启楼剖视图

聚合在一起的大型住屋应时而生。在福建南部的龙岩、漳州一带，这里具有森林木材、山石和泥土的自然资源，在当地工匠的努力下，创造出一种大型的住宅。他们把几十户住房连在一起，组成方形或圆形的大院，他们为了能够抵御外来的侵袭，用黄土筑造厚实的外墙，因此被称为“土楼”。土楼或方或圆，四周住宅围着中央的庭院，所以也属于合院式住宅的一种。

福建龙岩市永定县农村有一座承启楼，它规模大，具有土楼典型的形态。承启楼是一座圆形土楼，建于清康熙四十八年 (1709 年)，经 3 年完工。圆楼直径 62.6 米，里外共分四环，最里面一环为祖堂，是祭祖的地方，第二环有房 20 间，第三环有房 34 间，最外环有房 60 间，并有楼梯间 4 间，朝南一座大门正对中心祖堂，东西各有一座旁门。土楼内除外环为四层外，其余三环皆为一层，外环的底层为厨房，二层为谷仓，三、四层为卧室，每一间房上下四层分给一家人住，所以在这里不分正房和厢房，没有前院与后院，每一家住房面积相等，在住房上分不出族人地位的高低，他们都朝向中心的祖堂，是共同的祖先把他们凝聚在一起。承启楼建成以后，有 80 多户住进楼内，共400余人生活于其中。

土楼既为安全而产生，所以有很强的防御功能。承启楼外环四层共高14米，内部房屋用木结构，而外墙用结实的夯土墙，最厚有1.9米，墙基用大卵石和块石筑造，自地面以下直砌到地上洪水所能达到的高度以上，以防洪水冲击土墙。外墙一圈只在三、四层上开有枪眼和小窗口，前者提供防御时向外射击用，后者在防御时可以向外扔石块和倒开水以袭击来犯之敌。外环几层楼临院子的一边都设环形通道，以便防御时调动人力和物质。圆楼内有水井，有谷仓藏粮，有牲畜畜养场地，因此在敌人围攻时，可以坚持数月而不会断水断粮。圆楼对外的几座大门是敌人容易攻击的地方，所以用石料做门框，厚木料造门板，门板包以铁皮，门后顶以木杆。除此之外，为了防御敌人用火烧门，特别在门板上方设水槽，必要时可以在门前形成一道水幕，以克火攻。

多数土楼没有承启楼这么大的规模，大多是一圈多层楼房，围绕着中心的祖堂，但都具有很好的防御设备，几十户同族人住在一起，互相照顾，共同生活。这散布在福建土地上的一座座土楼，在外国人眼里好像是“天上掉下的飞碟”“地下长出的蘑菇”，它们在形式和内容上都表现了封建社会血缘氏族的结构与心态。

左：圆土楼内景

右：（上）方形土楼

（下）土楼中央的祠堂

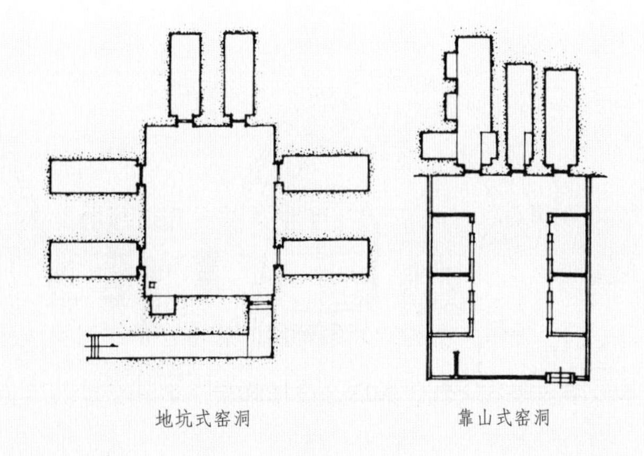

窑洞

窑洞住宅平面图

在中国陕西、甘肃东部、山西中南部和河南西部一带，由于气候比较干燥缺雨，经济不发达，农村十分贫困，加以当地土质坚实，所以挖洞造房就成了百姓取得住房的一种既经济又方便的手段，这就是窑洞住宅。在陕西有些地区，窑洞几乎占当地农村住房的80%。

窑洞既然是挖土成洞，所以最常见的形式是靠着土山或者黄土沟地里的山崖向里挖洞，洞呈长方形，洞顶呈圆拱形，拱顶高约3米。农民用一把铁锹凭力气就可以挖出自己的住宅，开始挖一个洞，洞里用黄土做一个炕床，用黄土建灶台，洞口挂草帘，就成了能住人、能做饭的窑洞。有了经济条件，可以扩建多个窑洞，用木料做洞口的门窗，用白灰刷洞壁，用砖砌在洞口两侧的黄土墙上，生活条件一步一步地得到改善。农耕社会自给自足的生活需要农民自己种植和加工粮

上：陕西农村窑洞立面图

下：山西农村窑洞门窗

食，自己种蔬菜，养猪和牛、羊，所以住宅需要室外的场所，于是在窑洞前围出一个院子，成了有院落的住宅。

窑洞因为有较厚的黄土层包围，所以隔热与保温性能好，洞内夏凉冬暖。但不利的条件是洞内潮湿，通风又不良，所以往往洞外春暖花开，洞内老人还要睡在烧火供暖的炕上。

在没有土山和山沟的黄土地区，有一种自地面向下挖的窑洞，它们的做法是从平地向下挖出一个边长约 15 米、深 7 ~ 8 米的方形土

陕西长武县十里铺村窑洞住宅图

坑，再在坑内向四壁挖窑洞，形成四面有住屋的地下四合院，称为地坑式或者地井式窑洞。在院的一角从地面筑造土台阶下到院内，在这样的四合院里，三开间的住房变成三座并列的窑洞，它们之间也可以彼此有门相通。为了取得冬季的日光照射，常把面朝南的几间窑洞作为居住的正房，两边的窑洞做饲养牲畜、储存粮食杂物、水井等用。在地坑院的四周，挖有排水沟和渗水井，以排除雨天的积水。地坑院和地上四合院一样，有砖或石板铺的路面，院内种植树木，栽培花草，绿树鲜花，还有窑洞门窗上的花格，在白窗户纸上贴上红色的剪纸，把地下四合院打扮得赏心悦目。老人在院里休息，儿童在院里玩耍嬉戏，四合院虽在地下，一样充满着生活的情趣。但是从生活环境的质量来看，地下毕竟不如地上，所以这种地下窑洞院落日益稀少，百姓只要经济条件好，都在地上建房屋而不愿意住这类的地下窑洞了。

十里铺村地井式窑洞

吊脚楼

中国贵州省的东南部地区，聚居着少数民族苗族与侗族，这个地区的地理气候特点是“地无三尺平，天无三日晴”，高高低低的山峦一个接一个，农民的生产和生活都离不了山，有的梯田从田脚一直延至山顶。气候潮湿而炎热，尤其在夏季，晴雨无常，走在山脚还是大晴天，登至山顶却倾盆大雨，变化很快，当地百姓就在这样的环境下创造了适宜自己生活的住屋。房屋用当地盛产的杉木制造而成，依着自然的山势，把柱子架在高低不同的山坡上，建造起两层楼的住宅。楼的上层住人，下层多架空而不作外墙，在里面圈养牛、猪等牲畜和堆放农具与杂物。楼的上层用木板隔成客堂、卧室，并向四周伸出挑

广西龙胜龙脊村吊脚楼

廊，主人在廊里做活和休息，这些挑廊都依靠楼层上伸出的横梁承托，这样可以使廊柱不落至地面而悬吊在半空中，以便于人与牲畜在廊下通行，所以当地把这种楼房称为“吊脚楼”。这种吊脚楼也大量出现在四川、湖北、云南等气候潮湿的山区，它们的优点是人住楼上通风防潮，又能防止山上野兽的袭击。

在这些地区的吊脚楼，也因为各民族生活习惯上的差异而在形式上小有不同。在侗族聚集的村落，除了在家家户户的吊脚楼上客堂内都有一个火塘，成为全家聚会的中心以外，在村里还有一处全村村民聚会的中心，这就是鼓楼。楼的形式像一座密檐式的佛塔，平面呈方形或者六角形、八角形，底层比较宽大，楼的上面是一个空筒，没有楼层，而外面做成多层屋檐相叠，由下至上有明显的收分，至顶端有一座攒尖的楼顶，楼外连着宽敞的场院，这是全体村民聚会的中心，楼内悬挂着一面鼓，因此称为鼓楼，有事击鼓为号，召集全体村民。逢年过节，全村百姓在楼里楼外欢聚跳舞，平时村民在楼里聊天休息，鼓楼成了全村生活和文化的中心。工匠在每一层屋檐板上绘制图画，将屋角高高翘起，有的还在楼顶塑造人物雕像，把鼓楼装扮得十分细致，成为侗族村落的标志。

左：贵州侗族村

右：侗族村鼓楼

鼓楼前村民聚会

鼓楼屋檐、屋顶装饰

干栏房

在住宅建筑分类中，把底层架空的住宅称为干栏住房，上面讲的吊脚楼也是一种干栏房，但云南省景洪西双版纳傣族村落的竹楼应该是干栏式住屋的标准形式。景洪地区地形高低变化大，气候差别也大，随着地形地势的高低，分别属于温带、亚热带和热带，常年无

云南西双版纳傣族村

上：傣族村竹楼

下：干栏房住宅堂屋

雪，雨量充足，一年不分四季而只有雨季和旱季之别，平均气温达到21℃。傣族百姓在这样的地理环境下创造了干栏式住房，他们选择山区之间的平坝地建造村落和住房，以当地盛产的竹子为主要材料，粗大毛竹作为房屋构架，用竹子编织作墙，楼板也用竹编或者木板，楼顶用稻草覆盖，所以称为竹楼。竹楼为两层，下层架空，供饲养牲畜和堆放农具、杂物。楼上住人，有堂屋和卧室，堂屋里也有火塘，是烧茶做饭一家人团聚的地方。堂屋外有开敞的前廊与晒台，前廊供主人劳动、休息与待客用，晒台为主人盥洗、晾晒衣物和农作物场所。这样的竹楼架空于地面，四周竹墙透风，一可以避免潮湿，通风散热；二可以防止野兽伤害；三便于因雨量集中而引发的洪水通过；优点十分明显，而且取材方便，施工简单而迅速，所以成了这个地区普遍采用的住宅形式。

古时的傣族全民信奉佛教，村村几乎都有佛寺，为了维护佛教的尊严，当地规定了佛寺对面不许建民房，民房楼面高度不许超过佛像坐台之高。在一村之中，普通村民与村里头人、族长的住宅相比也有不少的规矩，例如村民不许建瓦顶的住屋，廊子不许超过三间，堂屋不许用六扇格子门，楼上楼下的柱子不许用整根通长的木料，柱子下不许用石柱础，房屋不许雕刻装饰，等等。原来就受到经济条件的限制，加上这些规定，更使村民建房的技术得不到改进与发展，使大量竹楼不能保持较长的寿命，如今在村里看见的干栏房多已改为木结构框架、木板墙和瓦顶，但是它们还保持着竹楼的形式，还具备竹楼所具有的优点。

木板墙、瓦顶的干栏房

毡包

在中国内蒙古自治区蒙古民族和新疆哈萨克民族的聚居地，当地百姓长期以来保持着游牧的劳动和生活方式，他们饲养着成群的牛羊和马匹，住在草原进行放牧，并且随着草原草场的变化而经常搬迁放牧地，于是一种适应于这种游牧生活的住房应运而生。这种住房平

内蒙古草原蒙古包

左：新疆天山下毡包

右：毡包内景

面为圆形，用木条编成可以装拆的框架，在框架外面包以羊毛毡，所以称它们为“毡包”，因为蒙古民族使用得最多，所以又称为“蒙古包”。毡包最大的特点是便于拆迁，当牧民在一处草场放牧完了，于是一家人拆除毡包，将框架和羊毛以及全部生活用具驮在几匹马背上，主人骑着马匹，赶着牛羊奔向新的草场，又重新搭造起毡包，生活在新的草原上。

毡包皆圆形，直径约为 4～6 米，高 2 米，一侧开门，顶端留有圆形天窗，用以采光和通气，毡包内做饭和冬季烧马粪取暖的烟气也从这里排除。毡包的外表简洁朴素，但包内的生活环境，只要经济条件允许，都会在地面铺地毯，壁上挂彩毯，装饰得十分华丽，表现出草原牧民对幸福生活的向往和追求。

石碉房

中国西藏、青海和四川西部为藏族聚居地，当地多山地产石材，所以建造住房多以石材为主要材料。石头的墙，平屋顶，多为二层或三层楼房，外墙上下有收分，形似碉楼，所以称石碉房。这种住宅的底层为接待室及卧室，二层除卧室外，专设有经堂，这是一家人念经拜佛的地方，藏族几乎全民信仰佛教，所以经堂成为住宅的中心。

四川康定藏族石碉房

石碉房室内景

石碉房的外观很有特点，四周都是坚实的墙体，下部用粗石砌造，色彩凝重，质地粗糙，上部多在墙外抹灰，造成上下两部分在色彩和质感上的对比。外墙上开设成排窗户，窗四周有一圈外框，上小下大呈梯形，这是藏族建筑特有的一种形式，在宫殿、寺庙建筑上都是这样，窗上还带有彩色的檐口，使石碉房的外观在规则中亦显华丽，表现出藏族建筑粗犷、凝重而不失华丽的风格。

纵观以上所述，在中国辽阔的大地上，住宅的形式就如此多样，这当然还不是全部，新疆的住宅、山东等地海边的石头屋、四合院中东北地区的大院、云南的“一颗印”也都有各自的特点，不能一一介绍。但从以上诸种住宅中已经可以看到它们在结构和形式上都有很显著的特征，这种现象自然不是偶然的。

中国地域大、民族多，如此大量的住宅，尤其在农村，总是尽量采用当地出产的材料，应用当地传统技艺，根据当地地理条件建造出适合当地百姓生活的住房。山西有煤有黄土，能够烧制大量砖瓦，所以，出现了砖瓦住房；贵州山区盛产杉木，所以出现了用杉木建造在山坡上的吊脚楼；云南西双版纳，气候湿热，所以用当地的竹材盖出了架空的竹楼；陕西遍地黄土山坡，经济贫困，所以出现了窑洞。正因为如此，这些住房必然带有很强的地域性和民族性。不同的地理环境和各地各民族百姓不同的生活习俗，使他们的住房必然从结构到形态上都带有各自的特征。

中国长期处于封建社会，商品经济不发达，各地交通不便，不仅对国门之外闭关自守，而且国内各地区之间，在经济、文化、技术等各方面交流也很少。这样就造成了某一个地域或民族地区在建筑技术和建筑形态上发展都很缓慢，很少有大的变化。浙江永嘉楠溪江流域有山有水，农业发达，风光秀丽，自古就是一个风景名胜山区，在流域上下有几十座村落，留下了大量明、清时期的住宅及寺庙、廊亭等建筑，这些建筑在木结构上有一套传统的做法，不少构件都符合宋朝朝廷公布的规则形态。这说明在这一地区始终保持着古代的传统技艺，区外已经历了几个朝代，木结构形态已经有了发展和变化，但在这封闭的山区里却依旧没有改动。这种现象说明在信息不流通、相对封闭的情况下，一个地区具有特色的建筑技艺和形式很容易形成一种相对固定的传统，能够长期地保持住自身的特征。

在中国长期封建集权的制度下，为了维护礼制的尊严，往往在建筑上设立许多限制和规则。自皇帝的宫殿开始，各种等级的建筑在房屋宽度、台基高低、屋顶式样，甚至用什么材料和什么颜色的瓦都有明确的规定，不得违反。在装饰上也是如此，龙和凤分别象征皇帝与皇后，尤其是龙除宫殿建筑外，其他建筑不得使用。屋脊上的小兽和门上的门钉，宫殿建筑上最多用九个和九排，其他建筑不许超过此数，等等。这些禁令和规则在都城皇帝眼皮底下可以遵行，但是一到地方，尤其到了农村，则天高皇帝远，许多规矩得不到遵守，朝廷也无法管理和追究，所以在各地住宅上，照样用龙纹凤纹装饰，有钱有势的官吏、富商，他们的住宅正房建得很宽，台基造得很高，装饰得十分华丽，大大超过了北京的王府住宅。朝廷的规矩一破，建筑的形式自然就多样起来。

这就是各地住宅建筑形态丰富多彩的社会原因和历史原因。

第十章 小品建筑

CHAPTER
TEN

北京碧云寺石牌楼

江苏南京明孝陵石兽

寺庙中的石碑

北京天安门华表

前面已经讲过，中国古代建筑除了在房屋构造上采用木结构体系之外，建筑的群体性也是其主要特征之一。无论是宫殿、陵墓、坛庙、园林和住宅建筑，都是一组由单幢房屋组成的建筑群体，这些单幢建筑有相同的，也有不相同的。在宫殿、陵墓、坛庙这些皇家建筑中，殿、堂居多；园林建筑多为亭、台、廊、榭；而在住宅里见到的是正房、厢房与厅之类的房屋。但是除这些房屋外，我们还能看到一些小的零星的建筑，例如建筑群前面常有的牌楼和影壁，建筑大门两侧的狮子，陵墓、寺庙里的石碑，还有北京天安门前的华表，宫殿大殿前的铜龟、铜鹤、嘉量、日晷，佛寺大殿前的经幢，陵墓前神道两侧的石人、石兽、石柱，等等。因为这些建筑都比较小，所以称它们为“小品建筑”。小品建筑虽小，但它们都有不同的形态，它们在

河北易县清西陵石柱

北方住宅砖影壁

清西陵石五供

建筑群体中，都有各自的功能，而且在建筑的环境艺术中起着重要作用。现选出其中主要的几种予以介绍。

牌楼

在一组重要建筑群的前面，或者在街道的两头、十字路口，往往可以见到牌楼。北京明十三陵陵区的最前面有一座巨大的石牌楼，北京颐和园的主要入口东宫门外和园内主要殿堂、佛教建筑的前方也都有大小不同的牌楼。牌楼对建筑能起到标志的作用，所以把它视为标志性小品建筑，它不但能够起到划分和控制环境空间的作用，而且也增添了建筑群体的艺术表现力。

北京颐和园东宫门前木牌楼

宋代《营造法式》中乌头门图

牌楼是怎样产生的？因为牌楼多位于建筑前或街道两端，相当于大门和入口的位置，由此可知它的产生与建筑的大门分不开。中国早期建筑群的大门称"衡门"，即在建筑群的院墙上竖立两根木柱，木柱上面用横梁相连，柱间安门扇即成为门。后来为了防止雨雪的侵蚀，在横木上加了屋顶，在宋朝《清明上河图》中还能见到这样的衡门。在12世纪宋朝廷颁布的《营造法式》中，记载着一种"乌头门"，就是两根立柱加一根横木，柱间安门扇，但是比早期的衡门讲究，柱子顶端有了装饰。这种乌头门和衡门都是牌楼的雏形。

牌楼有哪几种形式呢？

如果按建造牌楼的材料区别，它们有木牌楼、石牌楼、砖牌楼与琉璃牌楼之分。

木牌楼　因为中国建筑采用木结构，所以木牌楼是基本的形式。它与普通房屋一样，几根立柱之间用梁枋相连，梁枋上有屋顶，不过牌楼绝大多数只有一排柱子，没有四根柱子组成的"间"。这些柱子的下面用石料做成石座固定柱子，有的柱子太高，还在前后加两根斜柱支撑。牌楼的宽度是以两柱之间的"间"计算，有两柱一间、四柱三间、六柱五间等。牌楼顶上的屋顶也有多少之分，两柱一间的牌楼

古代衡门图

可以做成一顶、三顶，甚至五顶，所以间数多、屋顶多的牌楼体量也大，装饰也多。木牌楼的装饰和建筑一样，讲究用油漆彩绘、红色的柱子，梁枋上有青绿色的彩画，在皇家建筑里的牌楼上还有金龙、金凤装饰。

石牌楼　木牌楼受日晒雨淋很容易损坏，所以逐渐产生了石牌楼。它们开始免不了仍采用木牌楼的形式，也是柱子加横梁，梁上有屋顶，所有木结构上的构件都具备，只不过都是用石头制造的。牌楼上的装饰有的也仿木牌楼，在梁枋上雕出彩画的式样；有的则用石雕

上：（左）北京成贤街上一开间木牌楼

（右）四柱三开间木牌楼

下：（左）北京雍和宫四柱三间七顶木牌楼

（右）广东佛山祖庙木石牌楼

北京颐和园石牌楼图

北京国子监琉璃牌楼

北京碧云寺砖牌楼

河北易县清西陵石牌楼雕饰

雕出各种动物、植物、人物等形象。

砖牌楼与琉璃牌楼 用砖建造的牌楼不可能做出木结构的梁枋，所以只有用发券的方式在牌楼上开出门洞，使这类牌楼在整体造型上显出浑厚而稳重的特征。在砖牌楼的表面贴以琉璃则成为琉璃牌楼，并且还用琉璃砖拼出立柱、横梁的形式，用琉璃做成斗拱、屋顶。在这些构件上又用不同色彩拼出形如木建筑上的彩画，使牌楼具有木结构的形式。由于琉璃比砖更不怕日晒雨淋，同时还具有光泽和不同的色彩，所以不但造型华丽，而且还能保持经久不变。

如果按牌楼的功能区分，则有下列几种：

标志性牌楼 这类牌楼立在一组建筑的前沿，或在城市中主要街道的两端或十字路口，它们起着标志的作用。例如，在老北京城的前门大街上、东西长安街上，都有这类木牌楼；在颐和园万寿山前山排云殿建筑群的最前端，临昆明湖滨也有一座木牌楼，后山须弥灵境佛寺前面广场的三面各立着一座牌楼，面对着通往左、右、前三方的道路。这些牌楼都起着标志性作用。

颐和园后山寺庙前牌楼

大门式牌楼 标志性牌楼尽管都处于建筑群入口的位置，但是它们并不是大门，这些牌楼有门洞没有门扇，独立地置于路中央，人们可以绕它们而行，所以它们并不具有真正大门可关可闭的作用。大门式牌楼是一组建筑群的真正大门，柱间或门洞安有门扇，可关可开，两边连有围墙，人们必须经牌楼而进出，山东曲阜孔庙的棂星门、颐和园内仁寿门都属此种牌楼。

纪念性牌楼 在古代，为了纪念或表彰某一件事或某一个人，往

上：颐和园仁寿门

下：（左）曲阜孔庙大门

（右）山西沁水西文兴村石牌楼

安徽歙县棠樾村七牌楼近景

往在当地立一座牌楼，把人名和事迹刻在牌楼上以资纪念，这就是纪念性牌楼。在中国封建社会，对国尽忠，对父母尽孝，妻子对丈夫守节，对兄弟、朋友重义，这些都是传统道德的主要内容。树立牌楼以表彰具体的人与事，正是宣扬这种道德的最佳方式。某人在朝廷做官立功，由皇帝敕建或自建牌楼立于家乡，既宣扬了尽忠报国的思想，又能显耀自己的家族。山西晋城沁水西文兴村是唐朝著名政治家柳宗元同族柳氏家族的聚居村落，柳氏族人中先后有两人在山西、陕西等地当过官，朝廷为了表彰他们，特别在村里建造了两座石牌楼，如今这两座牌楼已经有450多年的历史，成为这座古村落的标志性建筑。安徽歙县棠樾村村口一连有七座石牌楼组成一个牌楼群立在入村的大道上。其中表彰做官的一座，在家尽孝的三座，妇女守节的两座，为村民做好事的一座。一路走去，不但能受到忠孝仁义传统道德的教育，同时又可了解到这座古村的光荣历史。

装饰性牌楼　在老北京的商业街上，两边林立着一家家商店，有

上：（左）北京颐和园后湖商店牌楼

（右）浙江永康后吴村祠堂牌楼门

下：安徽歙县棠樾村村口七牌楼

的商店为了显示自己，在店铺外竖立起一座牌楼，牌楼紧贴店铺，牌楼的柱子高高地突出于店铺屋顶之上，近看牌楼有华丽的装饰，远望有高起的柱头，使店铺更为显著，达到招徕顾客的作用。在一些寺庙、祠堂和讲究的住宅可以见到用牌楼装饰的大门，这类牌楼也有柱子、梁枋、屋顶几个部分，梁枋上也有装饰，但它们和店铺的牌楼不同，它们不是一座独立的牌楼而只是贴在大门周围墙面上的一层牌楼形装饰，大部分用砖制作，也有用石灰堆塑在墙面上，薄薄的一层贴面，在白色的墙面上，形象也很显著。以上所举的例子都属装饰性牌楼。

古老的北京，曾经有许多牌楼。在主要的街道上，在重要的寺庙如卧佛寺、碧云寺、白云观前都有木牌楼作为标志；在东城、西城商业集中的街道上，不少店铺门前也竖立着装饰性的牌楼；在颐和园里，大门、殿堂、佛寺的门前，桥的两头都立着木牌楼、石牌楼或者琉璃牌楼，大大小小近 20 座。在 20 世纪 50 年代，北京城马路中央的一座座牌楼都因为妨碍交通而被拆除了；老商业街上，也因为老店铺改建成新商店而见不到那种装饰性的牌楼了。但是近年来，随着经济的发展和社会的进步，一座座牌楼又出现在大街小巷里。前门外马路上曾经有一座三开间的木牌楼，50 年前被拆毁时大概谁也不会料到半个世纪之后在同样的地点又建起了一座新的牌楼。不少新的商店门前也建起了牌楼，如王府井商业街上著名的全聚德老烤鸭店建起

四川奉节白帝庙牌楼门

了一座新楼，外面包装着镜面玻璃，就在这座楼的大门上建造了三开面的牌楼紧贴在闪闪发光的玻璃幕墙上。这中与西、新与旧两种建筑文化的对比与拼合显示出这家传统老字号商店走向世界的心态。不仅如此，牌楼还漂洋过海走出国门。在国外举办的中国文化经济展览会上，喜欢用牌楼作为入口标志；在许多外国城市的华人街上都可以见到竖立在路口的牌楼；美国华盛顿与中国北京结为友好城市，北京市特赠送一座大牌楼立在华盛顿唐人街入口处作为纪念，古老的牌楼又被增添了一种新的象征性功能。也许是因为牌楼既具有中国木结构建筑的典型形象：立柱、横梁、斗拱、屋顶、华丽的彩画和琉璃瓦顶，而它体态又很简单，只是一座没有深度的门，适宜于广泛地应用，所以才能成为一种符号，一种能代表中华传统文化的象征符号，担负起了新的历史使命。

左：（上）老北京十字街头牌楼

（中）老北京前门外大街上的牌楼

（下）北京前门外大街上的新牌楼

右：（上）北京王府井全聚德烤鸭店牌楼门

（下）美国华盛顿中国城牌楼

狮子

在中国古代的小品建筑中，狮子是最常见的一种。北京天安门前有四只石雕狮子；走进紫禁城，在太和门、乾清门、宁寿宫和养心殿大门前都有铜狮子把门；在一些王府住宅的门前也有石头狮子；甚至在普通百姓的四合院住宅大门两旁，在门墩石上也要雕出两个狮子头来守护大门。狮子本为野兽，它怎么会跑到建筑大门前当上护宅的神兽？这是很有兴味的问题。

狮子的来源

狮子与老虎一样，都是一种很凶猛的野兽，俗称兽中之王，但老虎是中国土生土长的，人们很早就认识了它，并把它当作神兽，在汉代坟墓的画像石上就能见到它的形象。而狮子却是进口的，狮子原来生长在非洲和亚洲的伊朗、印度一带，在当地被视为珍兽，古波斯国以崇狮为时尚，国王就坐在金狮座上。所以，相传在 1900 多年前的中国东汉时期，安息国（今伊朗）国王就以狮子作为礼品赠献给东汉皇帝。中国对狮子本不熟悉，只把它看作是一种凶猛的异兽，将它放在笼子里喂养。

佛教也把狮子尊为兽中王，传说佛初生时就有 500 只狮子从雪地中走来，侍列门前迎接佛的诞生。佛说法时也坐在狮座之上，狮子

左：北京颐和园排云门前狮子，前为雄狮

右：北京紫禁城宫殿门前狮子，前为母狮

成了佛教中的护法神兽。随着佛教传入中国，狮子也传了进来，不过它不是安息国王送来的真狮子，而是被神话与艺术化了的狮子形象。于是狮子从笼中走出，开始走进了人们的生活，走进了艺术领域。

狮子与建筑

在中国古代有这样一种现象，当人们认识和习惯了客观世界的某一种事物，就喜欢把这种事物重现在自己的器物中当作一种装饰，得到一种美的感受。人的生活离不开水，水中有鱼有蛙并且成了人类早期的食物，所以在人类早期的生活用品陶碗、陶罐上可以看到波浪形

左：双狮耍绣球的小梁

右：房屋牛腿木雕狮

左：牌楼基座上的石狮
右：石狮柱础

和旋涡形的水纹，鱼形和蛙形的装饰。这些形象不仅表现在器物上，同时也出现在建筑上。在汉代的画像砖、画像石上可以见到老虎、马的各种形象，见到人们耕种、收获、打猎、娱乐等生活场景的图画。狮子也一样，既然人们认识了它、接受了它，把它当作一种神兽，于是也必然地会把它的形象表现在建筑上。因为狮子凶猛，在佛教中又是护法神兽，所以很自然地把它放在大门之外，它便成了保护建筑的把门神兽。大门两侧，一边一只，右为母狮，脚按一只幼狮，左为雄狮，足按一个绣球，这样的形象和布置几乎成了一种固定的格式。狮子不仅在大门外，而且还被用在梁枋上，在梁上小立柱两侧，两只狮子左右相护，保持住小柱的稳定，有的短梁被雕成两只相对的狮子在戏耍着中间的绣球，屋檐下支撑出檐的牛腿，有的也被雕刻成倒立的狮子，等等。除房屋之外，在石牌楼的柱子基座上，在石桥的石栏杆小柱头上都可以见到各式各样的狮子，狮子成了建筑上的常见物。

狮子形象

我们在各地各种房屋建筑上可以看到千百种不同式样的石头狮

上:（左）汉代画像石上的虎
（右）古代瓦当上的虎形
下:（左）陕西农村虎枕
（右）陕西农村儿童布兜上绣的老虎

子、铜狮子、木雕狮子，它们的形象已经与真实的野兽狮子很不相同了，这是什么原因?

先让我们观察一下老虎形象的变化。在中国土生土长的老虎很早就被人们认识，在汉朝画像砖、画像石上见到的老虎形象是比较真实的，它张着大口，伸出的虎腿、虎牙和虎爪都是那么锐利，样子很凶狠。古人也因为老虎的凶狠才将它当作一种保护神兽、一种力量的象征，所以将士出征时，皇帝把一种用玉石制作的虎形符交给将领以示授予兵权，将领出征在外，有了虎符就有了调动和使用军队的权力。家庭喜得儿孙，娃娃要盖绣有老虎的虎被，头枕虎头形的枕头，白天戴着虎形帽，身穿有虎形装饰的背心，平时玩各种虎形玩具，过生日要制作虎形面食招待亲友。总之，老虎成了幼儿的保护神，所以喜欢把儿、女称为“虎娃”“虎妞”，称赞儿孙“虎头虎脑”以表示强壮之意。山林中凶猛的野兽走进百姓人家，常年与人做伴为伍了。人们既因虎的凶猛而离不开它，但又不愿意身边老有凶猛可怕的形象，所以这些老虎的形象逐渐起了变化。经过无数双百姓之手创作出来的老虎开始变得怪异、壮拙、顽皮，总之，凶猛可怖之形一点点减去，可亲可近之状一天天增多，最终，老虎走进千家万户，成了人们喜爱的神兽，在中华大地上出现了虎文化现象。

狮子也和老虎一样，它既然被人们当作一种神兽而走进房屋建筑，走进人们的生活，它们原来的凶猛形象也必然会受到改造，会通过工匠和艺术家之手创造出各式各样的狮子形象，这种创造自然会因时代、地区等的不同而带有不同的印记与特征，我们先从历史的纵向发展来观察狮子的形象。公元 6 世纪，南朝建都建康（今南京），如今在那里留下了一批当年的王室陵墓。墓前的石兽，其中梁萧景墓前的石辟邪是很有代表性的。辟邪是以狮子为原型创作的石兽，放在墓前具有辟除邪恶的象征意义。这座石兽高近 3 米，体型高大，仰首挺

江苏南京梁萧景墓前的石辟邪

胸，张口吐舌，四肢粗壮，狮身线条刚劲有力，它的形象与真狮子并不完全一样，但却有力地表现出了狮子那种威武的神态。

陕西咸阳唐朝顺陵前的几座石狮尽管体形比南朝石狮更接近真狮子的模样，但仍用了夸张的手法，把腿与爪塑造得特别粗壮，其脚爪紧紧扣地，仿佛入土三分，显得那么有力，狮身挺立做行进状，使人望而生畏。这些石狮充分显示出唐朝艺术那种气魄雄伟而博大的风格。北宋皇陵前的石狮体态比唐朝狮子更接近真狮子了，狮身各部分

上:（左）陕西咸阳唐顺陵石狮
（中）河南巩县宋陵石狮
（右）开口笑石狮
下:（左）北京紫禁城太和门前铜狮
（中）紫禁城宁寿门前凶猛的铜狮
（右）形如狗的石狮

更具有写实性，狮子头和头上的卷毛都更接近真实，但它的整体神态却不如南朝和唐朝的狮子。明、清时期的狮子留存下来的很多，拿宫殿建筑里的狮子为例，可以看到，这里的狮子总体形态更写实了，狮子身上细部的刻画更多更细致，头上有卷毛，颈上套着响铃，四肢有肌肉的起伏，但却缺乏整体造型上的神态，失去了狮子威武的气势。这种特点与清朝，尤其是清晚期在艺术上表现出那种追求烦琐绮丽的风格是一致的。以上见到的是在不同历史时期所创造的狮子形象的不同风格。

如果我们观察一下明、清时期留下的大量石狮子，就可以发现，它们的形态各具风采，丰富而多样。这些狮子从它们的体态看，有蹲，有立，有脚按绣球而同时背负幼狮不分雌雄的，外表甚至有形如狗状的。从狮子的神态看，有面带顽皮状，可亲可近的，也有显出各种怪诞、可笑、可乐，甚至一副无赖之相的。产生这样的现象自然也不是偶然的。

狮子作为神兽，走进中国，走进了房屋，也走进了百姓的生活，人们逢年过节要耍狮子舞，这些狮子行走在城乡的大街小巷，它们跳跃着、翻滚着，在领狮人的带领下，登高梯，走绣球，钻火圈，累了

左：十七孔桥柱上石狮（一）

中：十七孔桥柱上石狮（二）

右：民间狮子舞

北京颐和园十七孔桥上的石栏杆

就躺在地上喘息，有时还打哈欠，用脚爪挠身上的痒痒，做出各种可笑可乐的动作。这些难道是真狮子能够做的吗？当然不是，这些动作是人们根据扮相加在狮子身上，又由人扮成狮子表演出来的，它能带给人们欢乐，在节日里给人们带来吉祥。这种现象可以称为是狮子的人化。狮子一经人化，就像老虎成了虎头帽、虎头枕、各式虎玩具一样，它的形象就千姿百态，更不受真实狮子形象的约束了。北京有一座建于金朝的桥——卢沟桥，两边石栏杆的柱子上都雕着狮子，几百根柱子上有几百座狮子。这些狮子有的脚按一只幼狮，有的背上、胸前还背着、抚着幼狮，甚至在腋下还藏着幼狮，当年的工匠就是这样有意地雕着刻着无数的大、小狮子，他们给后人不仅留下了多姿多彩的狮子群像，而且还提供给人们创作神话的素材：卢沟桥上的石狮子数不清，如果数清了，狮子就都跑了。

纵观中国的狮子形象，如果与非洲、印度等地的狮子形象相比，它们的区别是明显的，同样是置于建筑大门两侧的狮子，中国的狮子讲求神似重于形似，而国外的狮子多重形似，从狮子的总体造型到狮身、狮腿都接近真狮子的形象。

时代进入了 21 世纪，试看中华大地上的狮子，一方面老祖宗留

左：北京天安门前石狮

右：德国建筑大门前石狮

左：广东东莞南社村一楼前石狮

中：北京一商业大厦前石狮

右：北京某商业楼前石狮

下的狮子仍在宫殿、寺庙、住宅的大门口、梁枋上担负着守护神的角色；另一方面，在全国各地城市、乡村里又增置了许许多多新的狮子。城市里从大学、图书馆、宾馆到商场、餐馆、小店的门口，乡村里的祠堂、寺庙、大门、桥头都能看见石头狮子。在中国南北两个传统生产石料和石雕的福建惠安县和河北曲阳县可以看到马路两边一家又一家的石雕厂和满摆着雕好了的石狮子。在经济与文化都得到提高与发展的今天，人们仍然把狮子当作守护神，仍然喜欢狮子所带来的安详与喜庆。与以前不同的是人们的眼界更宽广了，不少建筑大门两边也出现了形象逼真的洋狮子了。在著名学府北京大学百年校庆时，校友特别送了一对青石雕成的石狮摆放在新建的图书馆前面，狮子身上还披着鲜红的绸带，祝福母校的百年寿诞。北京有一座新建的商业大厦，门前立了一对石雕狮子，在雌雄大狮子的周围和基座上还雕着许多小狮子，共计 100 只，取名“百狮庆太平”，取意是“百世太平”。在中华大地上，除了虎文化外，又有了一种狮的文化，它包含着百姓求吉祥和欢乐的心愿与对生活的美好祝福。

影壁

影壁是立在一组建筑院落大门内、外的一堵墙壁，它面对大门，起到屏障的作用。这种大门内、外的影壁都和进出大门的人打照面，所以又称为照壁。

影壁的种类

如果按影壁所在地位区分，有在大门外、大门里、大门两侧和院落内其他位置四种。立在大门外的影壁是指正对大门并与大门保持一定距离的一堵墙，往往在门前道路或广场的对面，它能够让过路人知道这里有组重要建筑，起到增强建筑气势的作用，寺庙、园林或者规模较大的住宅前面多设有这样的影壁。四川成都的文殊院和山西五台山的佛光寺都是著名古寺，它们的大门前都有一道影壁，壁上书写有“文殊院”和“佛光寺”的寺名。江苏南京夫子庙大门前也有影壁，因为夫子庙利用流经门前的秦淮河作为庙前的泮池（一种文庙前惯有的水池），所以影壁被安置到了秦淮河的对岸，影壁特别长，它与庙门隔河相望，同样增添了庙的气势。

在门内的影壁完全是为了起屏障作用，不让过路人或者初进大门的人一眼望到院内情景，所以被立在离大门不远处。紫禁城内凡住人的宫室院内多有这种影壁。在百姓的四合院住宅里，面对大门的影壁

北京紫禁城后宫院影壁

山西灵石王家大院大门外影壁

山西五台山佛光寺门外影壁

北京紫禁城乾清门两侧影壁

南方天井院内影壁

陕西农村住宅门内影壁

云南大理住宅影壁

紫禁城宫殿庭院内影壁

更成为进入宅后见到的第一道景观。

影壁除了屏障作用外还有装饰作用，因此出现了大门两侧和院内的影壁。在紫禁城乾清门、宁寿门和养心殿院门的两侧都有这样的影壁，它们呈“一”字形或者呈“八”字形分列大门两侧，与大门连为一个整体，使大门更显光彩。在农村一些大型住宅院门两侧也有这样的影壁，它们和大门一样用砖雕装饰着墙头，使大门的形象更为突出。立在院内的影壁则完全成了一件装饰品。紫禁城里不少居住的院落里有这样的影壁，它们用彩色琉璃装饰，黄、绿两色，上面还有动、植物纹样，对着住房，供主人们观赏。云南大理的四合院也有一

左：紫禁城内木影壁

右：紫禁城内石影壁

左：四川成都文殊院“一”字形影壁

右：寺庙前“八”字形影壁

道影壁正对着正房，白色的壁身周围有彩图装饰，在院内院外都成为一件可供观赏的大型工艺品。在南方天井院住宅里，有的将正对堂屋的宅墙也做成影壁，上面附有装饰，成为天井中一景。

如果按建造影壁的材料区分，则有砖、石与木料影壁几种。其中砖影壁占绝大多数，因为影壁就是一道墙，所以多习惯用砖建造，宫殿中的影壁在砖之外贴以琉璃砖瓦，从而成为讲究的琉璃影壁。石造影壁不多，只在紫禁城的一组宫室里见到一座，完全用石料建造，用石条组成框架，壁身用一块大型的大理石，石上的纹理成了天然装饰。木质影壁更少，因为影壁立于露天，木料受日晒雨淋极易受到损坏。在紫禁城宫室里的那座座石造影壁，壁身上有出檐的屋顶，壁身做成有四扇可以打开的门，平时关闭成为起屏障作用的影壁，有重要客人来到时可以打开门扇，因而又成为一道院内的屏门。

如果从影壁本身的形象区分大体有几种式样，最常见的是简单的“一”字形，下有壁座，中为壁身，上有壁顶，它们的大小按建筑群组的大小而定。如果影壁过长，也有将影壁分作左中右三段，中间部分大而高，两边的窄而低，成为一主二从的三段式影壁。三段可以呈现“一”字形，也有的把左右两部分向内折而成为“八”字形影壁，作环抱形面向大门。

影壁的装饰

影壁不论是在门内、门外、门的两侧或者院内，它的位置都十分显著，所以成为建筑装饰的重点部位。以最常见的砖影壁而论，它

左：山西介休张壁村住宅影壁图

右：（上）浙江杭州雷峰塔前影壁

（下）江苏苏州冷香阁前影壁

的装饰可分为两种形式：一种是在砖墙表面抹灰，采用表面不同色彩的组合，在白灰上绘制图画等方式进行装饰；另一种是直接用砖雕装饰。在南方的寺庙影壁上常见到前一种装饰，杭州雷峰塔前的“八”字形影壁，黄色的壁身，黑色瓦顶和灰砖基座，壁身上四块白色底子上面写着“夕照毓秀”四个大红字；苏州虎丘冷香阁前的影壁，白色壁身黑瓦顶，壁身上有三块灰色石块，石上雕有“冷香阁”三个蓝色篆字。这两座影壁的装饰都很简洁，但却显得十分端庄而大方。北方住宅里的影壁多用砖雕装饰。这种装饰的位置集中在壁身的中心和四个角上，装饰的内容因建筑而不同，皇家园林里多用龙凤纹饰，百姓住家多用植物花卉。在雕刻手法上，大型影壁多用高雕，形象突出，小型影壁则用平雕，平和而细腻。也有的在影壁上满布雕刻，雕出大型画面以显示主人的财势和志趣。在上海松江县的一座寺庙前有一大型影壁，它是用灰面和砖雕同时进行装饰。扁长的影壁左右分为三段，中央部分全部用砖雕装饰，左右部分在大面积的白灰墙面上只用

左：砖影壁上装饰

右：砖影壁上满布装饰

灰砖装饰中心和四个角。整座影壁只有灰与白两种色彩，但由于创作者在整体造型上采取了合宜的分割处理，在装饰上充分应用了灰砖与白灰的质感和色彩对比，使这么一座体量巨大的影壁远望显得端庄而大方，近观又十分细致，完全消除了原来的笨拙感。

装饰最讲究的当然是琉璃影壁。这类影壁的多数除了琉璃本身的色彩与质感所具有的装饰作用外，也只是在壁身的中心和四角进行装饰。在皇帝皇后居住的宫殿里有一面影壁，其中心有一对鸳鸯游弋在荷花荷叶之中，象征着夫妻永不分离，四个角常用象征富贵、吉祥的植物花卉纹饰。装饰最讲究的琉璃影壁是九龙壁，它位于宫殿或皇家寺庙之前。这种影壁位置重要，体量又大，壁身上用九条龙装饰，故称“九龙壁”。北京紫禁城皇极殿大门前有一座九龙壁，建于清乾隆三十六年（1771 年），宽 29.4 米，高 3.5 米，体形扁长，除石造基

上海松江大影壁

上：紫禁城九龙壁

下：（左）北京紫禁城琉璃影壁中心装饰（一）

（右）北京紫禁城琉璃影壁中心装饰（二）

座外，全部用琉璃砖瓦贴面，在长达 20 多米的壁身上安排有九条巨龙，龙身之下为绿色水浪，九龙之间有蓝色峻峭的山石，另有蓝色云纹散布在四周。九条巨龙飞舞腾跃在这水浪之上和云石之间，它们的姿态各不相同，左右也不对称，有龙头在上的升龙，有行进中的行龙，居中是一条黄色的坐龙。龙身皆盘曲自如，既表现出龙体的舒展，充满着动态之美，又考虑到壁身整体构图的疏密合宜。九条龙分别采用黄、蓝、白、紫、橙五种颜色，排列次序为中央坐龙为黄，左右四条依次为蓝、白、紫、橙四色，呈左右对称，既互不雷同，显得五彩缤纷，又不显零乱而有规律。除壁身之外，在影壁顶的正屋脊上也用琉璃拼出九条行龙，左右各有四条，面向中央的龙，龙头前都有一颗宝珠，构成群龙追珠的画面。龙身皆绿色，宝珠为白色，四周满布黄色云朵，屋脊不高，相当醒目。这些屋顶和壁身都是由许多小块琉璃砖瓦拼接起来的。它们的做法是：先用泥土制作壁身，在泥上塑造出龙和其他装饰物的形象；然后将壁身分作小块，分块时每一行的竖向接缝上下必须错开，而且这些接缝尽量不要落在龙头上以保持龙头的完整；然后在每一小块的表面涂以色料送进琉璃窑烧制成为琉璃砖；再把这些小块琉璃按次序拼贴到壁身上，拼贴时块与块之间，上下左右的花纹要吻合，色彩要一致，连接要牢固，才能得到一座完美的九龙壁。紫禁城的这座九龙壁因为要取得“九”的吉祥数字，所以除了壁身、屋脊上都用九条龙之外，壁身还特别用 30×9=270 块琉璃砖拼接而成。如今，经过 200 余年的风雨磨洗，这座影壁不但整体完整，而且壁身上九条龙依然完好如初，各块砖之间也没有错位，龙身、水浪、云朵、山石的色彩还是那么晶莹，连琉璃釉皮都很少有剥落的，从这里可以看到，清朝对琉璃作品的设计、制造、安装技术都已经达到十分成熟的水平。

北京北海以前有座寺庙，寺庙前也有一座九龙壁，它从基座到壁顶全部用琉璃砖瓦贴面，所以显得更光彩夺目。山西大同的一个王府前有一座九龙壁，壁身长达 45.5 米，高 8 米，壁身厚 2.02 米，这是

左：山西大同九龙壁

右：北京北海九龙壁

中国现存九龙壁中体量最大的一座，壁身上九条巨龙皆为黄色，底面皆为紫蓝色，色彩虽不如北京的两座九龙壁鲜艳，但因其壁身大、龙体盘曲更加自由、姿态更具力度，所以显得更有气势。北海的寺庙和大同的王府今已不存，所以这两座九龙壁如今已成为独立的大型艺术品供人们观赏。

今日影壁

在现代建筑中还需要影壁吗？在中国广大农村，随着经济发展，不少农民都建起了新房，新的砖瓦房，有的墙外还贴着瓷砖，有的还是二层和多层的，为了生活的方便，房前还是要有院子，四周院墙围成一个新的住宅院，大门开在院墙上，大门里面仍然有一座影壁，因为和古人一样，住房仍旧需要安静、需要私密性，所以仍旧需要用影壁作屏障。只不过这些影壁的表面多用新瓷砖来装饰了。由瓷砖拼接出大红“福”字，拼出松树和山水，拼出云水之间的双龙，昔日宫

左：山西农村新住宅影壁（一）

右：山西农村新住宅影壁（二）

上:（左）寺庙内新九龙壁（一）

（右）寺庙内新九龙壁（二）

下：北京圆明园内花卉九龙壁

殿、寺庙前的龙壁如今也走进了百姓家。

影壁具有装饰性，尤其九龙壁更具神圣意义，所以如今在寺庙、园林中也出现了新建的九龙壁。浙江普陀山寺庙里新造了一座砖雕九龙壁，北京圆明园在节日用鲜花在砖壁上堆积了九条龙，组成一座花卉九龙壁。

无论是牌楼、狮子还是影壁，它们既具有形象的美，又有丰富的文化内涵，因此这类传统文化在现代社会里，在特定的情况下仍具有它们的生命力。

再版后记

2008 年初，中国旅游出版社根据日益增多的国外旅客来华旅游的形势，尤其是第 29 届夏季奥运会即将在北京举行，将有大批世界各国的运动员及观众来华，为了向他们展示中华民族优秀的传统文化，让他们进一步认识中国，约我写了这本《中国传统建筑文化》，以中、英文版同时发行。

如今，十多年过去了，我国在政治、经济、科学技术、文化等诸方面都有了巨大的发展与变化。2016 年在中国共产党成立 95 周年纪念大会上，习近平同志提出了在实现中华民族伟大复兴之路的征途上必须坚持四个自信，即道路自信、理论自信、制度自信与文化自信。在文化自信中特别提出要激发全体人民对中华优秀传统文化的历史自豪感，在这里明确指出了中华优秀传统文化所具有的重要价值，而在中华民族的传统文化中，建筑文化无疑是其中很重要的部分。

这是因为建筑具有多方面的价值。各类建筑为人们的生活、劳动、工作等方面提供适宜的场所，这是它在物质方面的功能。但建筑又是有形有色的实体，在形态上又具有造型艺术的功能，同时，人们在看到一座建筑时必然会联想到曾经在这里发生的事和相关的人，因此建筑又具有“记忆”的功能。人们要认识中国的封建社会，可以去北京故宫，因为这座明、清两朝庞大的皇宫建筑群，它记载了中国封建社会的政治、科技与文化。人们要了解中国古代的农耕社会，应该去保存得完整的古代村落，那里的祠堂、寺庙、住宅、书院乃至一座桥、一段路，它们记载了中国农耕社会的政治、经济文化和技艺。因此相比文化艺术领域中的文学、绘画与雕塑，建筑所具有的历史信息更为全面而形象。这里提到的北京故宫和古村落中的安徽西递村与宏村都已被联合国教科文组织列入世界文化遗产名录。在中国已有的37项世界文化遗产项目中，古城、古建筑占32项，它们的价值已为世界所瞩目，由此也可见建筑文化在传统文化中所具有的重要位置。

在此背景下，中国旅游出版社决定将此书再版发行。现在相距初版发行已过去十多年，在此期间，国内又发现了不少有价值的古建筑和保存完整的古村落；考古学界也发掘出新的古代城址与墓葬遗址；建筑历史学者们又有许多新的研究成果。但作为本文作者年已过九十，移居养老院已多年，要将这些新成果补充到书中已经力不从心，难以为之了。现在只能以原版付印发行，这是应该向广大读者致歉的。

楼庆西

2020年12月

部分图片来源

《中国古代建筑史》刘敦桢主编　中国建筑工业出版社　1984年　图名：第6页：陕西西安半坡村圆形住房、陕西西安半坡村方形住房、辽宁海城巨石建筑。第12页：宋、辽时期建筑屋脊正吻图。第14页：古代屋顶形式图。第15页：宋画《滕王阁图》、宋画《黄鹤楼图》。第17页：山西五台唐代佛光寺大殿斗拱。第29页：汉画像砖上的四合院住宅。第30页：北京四合院住宅。第32页：周王城图、唐代长安城图。第34页：北京紫禁城太和门、太和殿广场平面。第36页：清代北京城平面图。第37页：紫禁城平面图。第67页：北京天坛平面。第98页：四川雅安汉代高颐阙。第100页：陕西乾县唐乾陵平面。第102页：河南禹县宋代白沙墓。第103页：山西侯马金代董姓墓。第105页：北京明十三陵平面。第109页：明长陵平面。第111页：明定陵地宫平剖面。第128页：河北正定隆兴寺平面。第129页：山西五台山佛光寺大殿平面。第151页：汉代明器中望楼。第160页：嵩岳寺塔身曲线造型。第168页：山西平顺明惠大师塔、唐代单层塔图。第169页：山东历城神通寺四门塔平面。第279页：福建永定县承启楼图。

《中国古代建筑史》潘谷西主编　中国建筑工业出版社　1986年　第8页：甘肃泰安大地湾房屋遗址、陕西岐山凤雏村建筑遗址。第17页：古代房屋木结构的斗拱。

《世界建筑史・古埃及卷上册》王瑞珠著　中国建筑工业出版社　2002年　第2页：埃及大斯芬克斯金字塔。

《世界建筑史・古希腊卷上册》王瑞珠著　中国建筑工业出版社　2003

年　第 3 页：希腊雅典帕提侬神庙。第 33 页：雅典卫城立面复原图。

《外国城市建设史》沈玉麟编　中国建筑工业出版社　1989 年　第 34 页：罗马共和广场和帝国广场平面。第 187 页：意大利佛罗伦萨平面。

《世界建筑史图录》吴庆洲编　江西科学技术出版社　1999 年　第 121 页：印度卡尔利支提窟。第 151 页：印度桑奇大窣堵波。

《中国城市建设史》中国建筑工业出版社　1982 年　第 187 页：陕西神木城平面。

《西方园林》郦芝若、朱建宁著　河南科学技术出版社　2001 年　第 188 页：德国海伦豪森宫苑平面。

《中国建筑艺术全集——清代陵墓建筑》中国建筑工业出版社　2001 年　第 114 页：清乾隆皇帝裕陵地宫石壁上雕像、裕陵地宫石门上雕像。

《西藏古迹》杨谷生著　中国建筑工业出版社　1984 年　第 141 页：西藏拉萨大昭寺、大昭寺屋顶双鹿与法轮。第 142 页：布达拉宫内壁画。第 143 页：大昭寺屋顶。第 144 页：西藏拉萨布达拉宫、布达拉宫白宫、西藏寺庙用草做屋檐装饰。

《中国古代园林史》周维权著　清华大学出版社　1990 年　第 188 页：江苏无锡寄畅园平面。第 191 页：西汉长安宫苑图。第 192 页：宋汴梁皇家园林艮岳平面想象、北京清代西苑平面。第 195 页：北京元大都及西北郊平面。第 196 页：清乾隆时期北京西北郊园林分布图。第 197 页：圆明园平面。第 202 页：河北承德避暑山庄平面。第 224 页：北京恭王府平面。第 227 页：近春园平面。第 229 页：江苏扬州个园平面。第 233 页：江苏苏州网师园平面。

《园冶注释》计成著　陈植注释　中国建筑工业出版社　1988 年　第 236 页：《园冶》中窗图、《园冶》中门图。第 237 页：《园冶》中栏杆图、《园冶》中墙垣图。

《梁思成文集》（二）中国建筑工业出版社　1984 年　第 155 页：浙江杭州闸口白塔图。

清华大学建筑学院资料室：第 11 页：浙江农村住宅的曲线屋脊。第 13

页：福建农村建筑屋脊装饰图（一）（二）。第 33 页：北京颐和园万寿山建筑群立面图。第 81 页：丞相祠堂祭祖。第 83 页：戏台屋顶图。第 92 页：浙江农村祠堂上的猪、兔、牛装饰。第 125 页：河南洛阳龙门石窟奉先寺。第 162 页：大正觉寺佛塔图。第 170 页：北京郊区花塔。208 页：清漪园平面图、清漪园与杭州西湖的比较。第 218 页：清漪园被烧毁后留下的佛香阁下石基座。第 268 页：山西“四大八小”四合院平面图。第 273 页：南方四面房屋天井院住宅图。第 274 页：堂屋布置图。第 275 页：浙江武义郭洞村大型天井院住宅图。第 276 页：天井院住宅外街巷图。第 277 页：天井院住宅门头装饰图。第 282 页：陕西农村窑洞立面图。第 283 页：陕西长武县十里铺村窑洞住宅画。第 302 页：北京颐和园石牌楼图。第 325 页：山西介休张壁村住宅影壁。

《北京的世界遗产》中国旅游出版社　2002 年　第 38 页：紫禁城鸟瞰、紫禁城后宫建筑群。第 77 页：北京太庙。

《中国美术全集·建筑艺术编》（坛庙建筑、陵墓建筑、宗教建筑）中国建筑工业出版社　1988-1989 年　第 68 页：天坛鸟瞰。第 95 页：秦始皇陵兵马俑。第 111 页：定陵地宫。第 123 页：甘肃天水麦积山石窟。第 170 页：宁夏青铜峡喇嘛塔群。

项目负责：谯　洁
责任编辑：谯　洁　郭海燕
责任印制：冯冬青
封面设计：中文天地

图书在版编目（CIP）数据
中国传统建筑文化 / 楼庆西著 . -- 2 版 . -- 北京 :
中国旅游出版社，2021.9
ISBN 978-7-5032-6684-3

Ⅰ.①中…　Ⅱ.①楼…　Ⅲ.①古建筑—建筑艺术—中国　Ⅳ.① TU-092.2

中国版本图书馆 CIP 数据核字（2021）第 044982 号

书　　名：中国传统建筑文化

作　　者：楼庆西 著
出版发行：中国旅游出版社
（北京静安东里 6 号　邮编：100028）
http://www.cttp.net.cn　E-mail: cttp@mct.gov.cn
营销中心电话：010-57377108，010-57377109
读者服务部电话：010-57377151
排　　版：北京中文天地文化艺术有限公司
印　　刷：北京金吉士印刷有限责任公司
版　　次：2021 年 9 月第 2 版　2021 年 9 月第 1 次印刷
开　　本：787 毫米 ×1092 毫米　1/16
印　　张：21.25
字　　数：120 千
定　　价：79.00 元
I S B N　978-7-5032-6684-3